身边的物理

那些好玩又实用的物理知识

[英] 詹姆斯·利斯（James Lees）◎ 著

董立婕 ◎ 译

人民邮电出版社

北 京

图书在版编目（ＣＩＰ）数据

身边的物理：那些好玩又有趣的物理知识 / （英）
詹姆斯·利斯（James Lees）著 ；董立婕 译. -- 北京：
人民邮电出版社，2025.7
 ISBN 978-7-115-59833-2

Ⅰ. ①身… Ⅱ. ①詹… ②董… Ⅲ. ①物理学－青少
年读物 Ⅳ. ①04-49

中国版本图书馆 CIP 数据核字(2022)第 147494 号

版 权 声 明

♦ 著　　　　［英］詹姆斯·利斯（James Lees）
　 译　　　　董立婕
　 责任编辑　赵 轩
　 责任印制　陈 犇
♦ 人民邮电出版社出版发行　北京市丰台区成寿寺路 11 号
　 邮编　100164　电子邮件　315@ptpress.com.cn
　 网址　https://www.ptpress.com.cn
　 北京盛通印刷股份有限公司印刷
♦ 开本：880×1230　1/32
　 印张：6　　　　　　　　2025 年 7 月第 1 版
　 字数：164 千字　　　　 2025 年 7 月北京第 1 次印刷
　 著作权合同登记号　图字：01-2020-4474 号

定价：55.00 元

读者服务热线：(010)81055410　印装质量热线：(010)81055316
反盗版热线：(010)81055315

内 容 提 要

　　这或许是一本能让你爱上物理学的奇趣科学指南。物理学不仅仅是书本和试卷上烦琐的计算过程，它就在你的身边：世间万物都由物理规律在支配着，而人类想要获知宇宙的真相，也离不开对物理规律的不断探求。为了解答青少年对于世界奇妙现象和事物的疑惑，本书从天文、地理、社会生活、科技等角度，以清晰直观、简明易懂的方式，剖析了令人不可思议的物理现象。阅读本书，青少年读者不仅可以丰富物理知识，更可以将这些知识与课堂内容相结合，从而感受物理学的美与真谛。

前　言

在日常生活中，我们可能并没有意识到很多现象的发生跟物理学有关。快速地翻阅这本书，你会发现大量与物理学相关的事物和现象：让你可以看清文字的光、你所用的设备中涉及的电子学原理、周围空气的温度、让你手上的这本书处于当前位置的力，以及你脚下地球的运动。

　　事实上，人们提出的许多有关这个世界的基本问题，都可以通过物理学来回答。在本书中，我们为100多个此类问题提供了答案，其范围从深奥的"可以点石成金的'贤者之石'存在吗"和"1千克有多重"，到现实生活中常会勾起我们好奇心的"真的可以通过将钥匙放在头顶来远距离解锁汽车吗"和"Wi-Fi的工作原理是什么"，等等。所有答案的背后都是大量的有趣事实，它们会让你觉得，比起物理课堂上老师讲的那些，物理学本身其实有趣得多，并且会让你在下一次聚会时，摇身变为人群中最聪明的人。

　　在阅读本书的过程中，你无疑会注意到，许多问题之间存在着联系，这正是学习物理学的一大乐趣。我们身边的很多规则与规律紧密地联系在一起，以至于有时两个看似完全无关的问题，例如，"为什么汽车会发出轰鸣声"和"宇宙的中心有什么"，会产生联系。此类问题的数量可能比你想象的更多。

　　在正式开始介绍本书的内容之前，笔者有一个小小的提示：物理学是（并将永远是）一个不断发展的学科。在19世纪晚期，人们认为物理

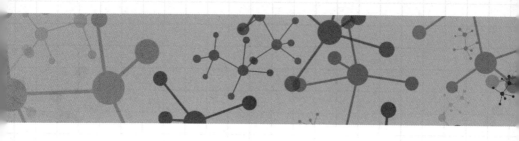

学是一个濒死的学科，因为只有一些零零碎碎的空白需要补充完整。但后来，阿尔伯特·爱因斯坦的相对论让人们开始从全新的角度思考物理学。由此可见，在物理学中，人们在回答一个问题后往往会引出更多的问题。实际上，围绕这本书给出的每个答案都足以撰写出一本专门的图书，不过，如果你只是想要体验奇妙的物理学世界，看这本书就够了。

目　录

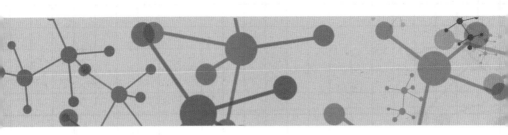

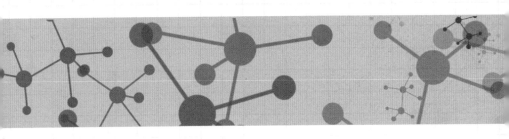

日食是如何发生的

星星为什么会闪烁

太阳的双胞胎兄弟（或姐妹）在哪里

为什么我们只能看到月球的同一面

太阳有多热

行星为什么不能是方的

日食是如何发生的

日食是一种非常壮观的现象。它发生在太阳、月球和地球几乎排成一条直线的时候，此时月球移动到地球和太阳之间，遮住了太阳的光。

日全食在宇宙中是独一无二的吗

假如宇宙中存在各种各样伟大的外星文明，那么日全食可能会是受来地球旅游的外星人欢迎的一个景观。在宇宙中，3个天体几乎排成一条直线的情况并不罕见，但日全食是非常稀有的现象，因为从地球上看，月球和太阳几乎是同等大小，而在太阳系的其他地方很难找到这种不可思议的情况。天文学家认为日全食在宇宙中非常罕见，甚至可能是独一无二的。

上天的预兆

在人类文明的早期记录中就有关于日食的内容。在过去，日

食这一天文现象常被视为非常重要的预兆，许多文明试图将伟大的政治或宗教领袖的出生、死亡，以及重大历史事件与日食联系起来。古希腊人对日食尤为重视，据记载，在公元前585年的哈利斯河（又译为哈里斯河，是克孜勒河的旧称）战役中出现了日食，于是作战的双方停止了战斗并迅速达成和平协议。米利都的泰勒

斯则预测出了这次日食，这表明古希腊人至少在一定程度上了解日食是如何发生的。

其他类型的日食、月食

如果月球可以挡住太阳光，那么地球也同样可以。这种情况发生时便出现月食现象。月全食发生时的月球也常被称为"血月"，这是因为当地球移动到月球和太阳之间时，只有太阳光中的红光能通过地球大气层的折射到达月球表面，其他颜色的光大多被大气层散射掉了，于是月球在短时间内呈现出绚丽的深红色。当月球运行到地球和太阳之间，且从地球上看，月球只挡住了太阳的一部分时，就会出现日偏食现象。不仅是月球，金星、火星和水星在各自轨道上运行的某些时刻，也会经过地球和太阳之间。但是，比起月球，这些行星距离地球较远，因此无法出现像日食一样的

天文现象。一颗行星经过可见日面（太阳面向地球一侧可被直接观测到的表面）的现象被称为"凌日"——使用专业的天文望远镜可以观测到这种现象。

行星为什么不能是方的

行星可以由岩石、冰甚至气体组成，且大小各异，但不同的行星形状几乎是一样的：几乎都是球体。这是行星自身向内的引力造成的。

球体外表在行星形成过程中诞生

任何物体都会对其他物体产生引力，物体质量越大，引力也就越大。一个物体通过自身引力将其他物体拉向自己的中心，这意味着，在一个质量很大的物体的形成过程中，它的巨大引力会尽可能地将更多的其他物体拉向它的中心，形成一个均衡状态。在该状态下，行星自身引力与其他物体的压力相互作用，最终使行星形成球体这一最佳形状。如果行星是方的，它的几个角要比它表面的其他位置距离行星中心更远，因此，引力自然会将这一部分向内拉，直至表面上的所有位置到中心的距离相等，达到一个均衡状态，也就是形成一个球体。

对于改变形状较容易的气态行星来说，这个道理人们容易理解，那么固态行星呢？这类行星一开始由许多小石块或者冰块构成，这些小石块或冰块由于引力聚合在一起。但是，在行星漫长的形成过程中，新的固态物质被不断地拉向行星，造成了巨大的碰撞。由于碰撞过程中产生了大量的热量，行星上产生了熔岩或液体，所有这些物质在引力的作用下就形成了今天我们看到的球体固态行星。

有哪些非球体天体

除了行星以外，宇宙中的恒星、黑洞和其他很多天体也会在引力的作用下形成球体。是否有例外呢？简要来说，当天体的直径太小、质量太小时，由于不能产生足够的引力，所以它无法形成球体。也就是说，小行星和彗星之类的小天体可能有各种各样的形状。它们

43千米。地球的表面也不是平坦的：最低的地方是大部分位于海平面以下超过8千米的马里亚纳海沟（其最深处达11 034米）；最高点是珠穆朗玛峰，它的高度为8 848.86米。地球的平均直径为12 742千米。如果我们将地球等比例缩成一个直径仅有5.7厘米的台球，那么两极间的距离和赤道直径相差仅约0.2毫米，地球上的最高点和最低点相差仅约0.1毫米。

通常是类球体，但也有长圆柱体或是奇怪的块状，甚至有像一只鸭子的（比如67P/丘留莫夫-格拉西缅科彗星）。

地球是正球体吗

像其他许多行星一样，地球并不是完美的正球体。地球的旋转和引力使其两极被压缩、赤道隆起，两极间的距离和赤道直径大约相差

星星为什么会闪烁

我们都听过《小星星》这首儿歌："一闪一闪亮晶晶，满天都是小星星……"在观察夜空的时候，你也许看到过闪烁的星星，它们几乎都是恒星。但事实上，恒星本身并不会闪烁。它们看起来像是在夜空中闪烁，是因为它们发出的光线在穿过地球大气层时发生了扭曲。

光线扭曲

地球有非常厚的大气层，其中充满了各种各样的气体。光线穿过大气层时会发生折射、散射和反射，从而导致我们看到的景象发生扭曲。我们头顶的大气层不断变化着，也让星光不断地以各种形式扭曲着，恒星因而时而明亮，时而暗淡，就形成了闪烁的效果。星光穿过越多的大气，我们看到的恒星就越失真。你可能已经注意到了，地平线处的恒星要比你头顶上方的恒星闪烁频率更高。这是因为，头顶上方的星光会直射下来，而地平线处的星光则是以一定角度传播的，这意味着它在大气层中传播的时间更长，我们看到的恒星也更为失真。

寻找或创造最佳观星条件

科学家竭尽全力，欲将大气层对天文观测的影响降到最低。天文台通常建在沙漠中，因为在那里，大气层的含水量更小。天文台也常会建在高山上，因为在那里，光线所要穿过的大气层更加稀薄。解决光线扭曲问题的另一种办法是建造空间望远镜，将它们发射到没有大气的太空中，这样可以更好地观星。

太阳有多热

太阳有多热？这听起来似乎是个简单的问题。如果你在互联网上搜索，它会告诉你太阳的温度大约是 6 000 开。但事实上，答案并非如此简单。太阳是个巨大而复杂的天体，它有很多层，每层都有不同的温度。

太阳的结构

太阳的中心有一个巨大的核（称为日核），像是太阳的燃烧炉，在这里，温度能达到约 1 600 万开，氢原子在高温下聚变为氦原子。日核的周围有几个热层，最高温度可达约 800 万开。太阳表面的温度相对较低，约为 6 000 开，但太阳周围的温度可能会更高！

日冕是太阳大气层的最外层，这个区域的温度为 100 万开左右，不过与太阳耀斑的温度相比，日冕的温度微不足道。太阳耀斑是太阳能量释放时形成的巨大发光射流，温度可高达上千万开！

飞近太阳

太阳非常热，如果你尝试驾驶着宇宙飞船飞向太阳，到了一定距离时肯定会被烤熟。目前，人类发射的最接近太阳的航天器是帕克太阳探测器，该探测器于 2018 年 8 月发射，在一次次任务中逐渐接近太阳，预计它与太阳的最近距离将可达到 650 万千米（注：截至 2024 年 12 月，帕克太阳探测器与太阳的最近距离已缩短至 610 万千米）。

彗星是由什么物质组成的

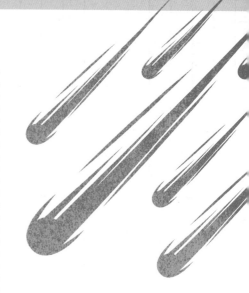

彗星常常拖着一条长长的"尾巴"飞驰而过，凭借这一点，它毫无疑问地引发了所有人——无论男女老幼——的好奇心。那么，这些夜空中的稀有访客究竟是由什么物质组成的呢？

大而脏的"雪球"

彗星主要由尘埃颗粒、冰和凝结的气体混合而成，它有点像一个大而脏的雪球。彗星的中央部分被称为彗核，主要由尘埃颗粒和冰冻的气体分子构成。彗星中可能还包含着一些分子式更为复杂的物质，例如碳氧化合物，甚至可能还有碳氢化合物和氨基酸这些构成基础生命的化学物质。一些理论认为，可能是在彗星撞击地球的过程中产生了构成生命的化学物质。

飞驰而过的"尾巴"

彗星中的冰冻物质在太阳的"烘烤"下发生升华，并携带着尘埃颗粒喷射到太空中，因此形成了一条"尾巴"。当彗星距离太阳约3亿千米时，"尾巴"便开始形成，其中有些彗星的"尾巴"可以达到上亿千米长。值得注意的是，由于彗星的"尾巴"是在太阳光压的作用下形成的，所以无论彗星朝什么方向前进，它的"尾巴"始终指向远离太阳的方向。

登陆彗星

2014年11月12日（北京时间13日），欧洲空间局发射的菲莱号

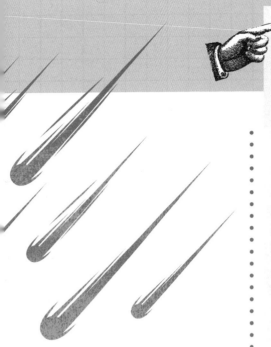

最著名的彗星

　　世界上最著名的彗星当数哈雷彗星。它的轨道围绕着太阳，大约每隔76年它就会进入地球可观测的范围内。自古以来就有关于哈雷彗星的记载，但是直到1705年，英国天文学家埃德蒙·哈雷才意识到，这些记载指的是同一个天体，而它一直周期性地出现在天空中。埃德蒙·哈雷还预测了这颗彗星下一次的出现时间（不幸的是，那一年是他去世17年后）。关于哈雷彗星的第一则历史记载出现在公元前613年的中国古代，据说公元11世纪英国制作的巴约挂毯上有疑似彗星的画面，而彗星在当时被人们视为一种预兆，这件挂毯主要表现了黑斯廷斯（又译为哈斯丁斯）战役。下一次可观测到哈雷彗星的时间预计在2061年。

着陆器在一颗彗星表面成功着陆。但是菲莱号着陆器在着陆后发生了反弹和翻滚，然后停在了一个峭壁的阴影中。虽然这不是一次完美的着陆，但这是人类的着陆器首次着陆彗星。尽管着陆的实际情况与预期有所偏差，但菲莱号着陆器仍然完成了预定的大部分科学研究目标，识别出了以前从未在彗星上发现的多种化学物质。

流星是什么

夜空中，一道光芒飞逝而过，没错，那是一颗流星！或许你觉得该对着它许个愿。虽然没人能阻止你这么做，但你得知道，流星并不是发光的恒星。其实，流星是宇宙中的固体块和尘埃颗粒等（称流星体）在坠落过程中穿过地球大气层时所产生的光迹。

流星的诞生

当流星体落向地球的时候，它们会被地球的引力吸引。它们坠落的速度越来越快，进入地球大气层后，便与其中的尘埃颗粒和其他分子发生碰撞摩擦。在这个过程中它们的温度升得很高并开始燃烧，因此在天空中形成一道光划过的景象。流星现象通常发生在地面上方50~140千米处，一般可持续1秒多的时间。流星可能在一年当中的各个时间段出现，但在有流星雨的时候更为常见。流星雨是流星群与地球相遇时人们在某个天区看到的流星明显增多的现象。

流星体有多大

人们看到的大多数流星体是由大小介于沙砾和卵石之间的固体物质形成的，但有些可能体积更大。陨石（又称陨星）是流星体坠落到地球上的残体。如果要找到一块正好可以握在手中的陨石，原始流星体的直径大概会有0.9米。有史以来，人们发现的最大的铁陨石名为"霍巴"，它在一个农场中被人发现，质量为60吨。

流星体造成的破坏

你可以想象到，质量达数吨的岩石以每秒数百米至数千米的速度飞快坠落，对物体产生的冲击是极其大的。幸运的是，流星体造成的严重破坏性事件非常罕见。流星体最近造成的破坏性事件发生于2013年，由该流星体形成的流星称车里雅宾斯克流星（原始星体是一颗小行星）。它的直径约18米，以约19千米/秒的速度朝地球坠落，在穿过大气层时变成了一个巨大的火球，人们在距其很远的位置就观测到了它，接近这颗流星体坠落地的人们则感受到了它在半空中爆炸时产生的巨大热量。它的爆炸和坠落现象很壮观，并且只对建筑物造成了一定的破坏。

有些流星体则有着更大的破坏力，通古斯事件便是一个例子。该事件发生在1908年6月30日，由一颗直径为60~70米的小彗星的冰核爆炸引发。它的爆炸威力巨大，夷平了几百平方千米的森林。幸运的是，该事件发生在西伯利亚的一个偏远地区，因此无人在爆炸中受伤。地球历史上，流星体撞击地表形成的最大痕迹当数墨西哥的奇克苏鲁布陨星坑（又称希克苏伯陨石坑），形成陨星坑的流星体原始星体的直径为10千米左右，坠落于大约6 600万年前。有人认为，该流星体撞击过程中形成的物质释放到大气中，造成了大规模的气候变化，引发了恐龙的灭绝。

为什么冥王星不能算行星

在太阳系的所有天体中，行星占据着重要的位置，但并非所有的天体都能被称为行星。对此，科学家们提出了作为行星需满足的一系列条件。尽管很多人对冥王星有着深厚的感情，但从这些条件来看，它并不是一颗行星。

行星需满足的条件

2006年8月，国际天文学联合会提出了一个天体是行星必须要满足的3个条件（也就是新的行星定义）。

1. 天体必须围绕太阳运转。

2. 天体质量必须足够大，必须有足够的引力使自身呈球体（见第4页）。

3. 天体应能清除其轨道附近的其他天体，即天体运行的轨道周围应当没有其他的天体。

遗憾的是，冥王星并不满足上述条件的第3条。冥王星位于柯伊伯带中，并位于海王星外侧，这意味着冥王星的运行轨道上有许多其他的天体。换个角度看，冥王星本质上是位于柯伊伯带内的体积较大的小行星。因此，在2006年，冥王星被从行星中除名。

其他小行星

在17世纪到18世纪间，木星和土星的很多卫星被当作行星，人们直到认可太阳为太阳系的中心后，才把它们重新归类为卫星。在19世纪早期，人们发现了第一批小行星——谷神星、智神星、婚神星和灶神星，它们围绕着太阳运转，因此在当时也被称为行星。但是，到了19世纪中期，随着更多的小行星被发现，人们为其中的一些天体开辟了单独的类别。在2006年后，围绕太阳运转、形状是球体，但轨道周围还有其他天体的小行星被重新分类为矮行星。到2023年，国际天文学联合会认定的矮行星有5颗，分别是冥王星、谷神星、阋神星、妊神星、鸟神星。

为什么北极星在天空中的位置不会变

多年以来，北极星在人类导航过程中一直被视作明确的参考点，因为它在天空中的位置看起来始终不变，永远位于北方。为什么其他的星星都在移动，而唯独它"坚守岗位"呢？这是因为，地轴（地球自转时围绕的假想轴，连接地心和南极、北极）的北端始终指向北极星。

变化的北极星

天极（过天球中心与地球自转轴平行的直线和天球相交的两点，是北天极与南天极的统称）以约26 000年的周期围绕黄极（天球上与黄道相距90度的两点，是北黄极与南黄极的统称）运动。虽然如今小熊座 α 星拥有着北极星的头衔，但在古代，小熊座 α 星和 β 星中间的一个暗点同样起到北极星的作用。在未来的岁月里，仙王座 γ 星（中文名：少卫增八）、仙王座 α 星（中文名：天钩五）、天鹅座 α 星（中文名：天津四）、天琴座 α 星（中文名：织女星）都会拥有北极星的身份。

南极星

在地球的另一侧，南极座 σ 星离南天极的距离和北极星离北天极的距离差不多，但它非常昏暗，只有在晴朗的夜晚才可见，因此无法起到导航的作用。从目前的情况来看，估计到公元14000年，全天第二亮星老人星将成为南极星。

为什么我们只能看到月球的同一面

月球始终悬挂在天空。即便只是用肉眼看，我们也会观察到月球的独特表面。但是，既然月球是绕轨道运行的天体，那为什么它的表面看起来总是一样的？为什么我们永远只能看到月球的同一面？这是因为，月球被地球潮汐锁定了。

始终同一面朝向地球

当一个天体在足够长的时间里围绕着另一个天体进行轨道运行时，引潮力（由天体间引力作用使地球上的大洋水域产生潮汐现象的原动力）会让其旋转速度变慢或加快。对月球来说，地球的引力让月球的旋转速度变慢，月球大约每27.3天绕着地球公转一周，并且大约每27.3天绕月轴自转一周，这就使得月球始终是同一面朝向地球，这时就发生了潮汐锁定。引潮力不仅影响着月球，也让地球的自转速度逐渐减慢。

潮汐锁定：宇宙中的普遍现象

在宇宙空间中，任何两个足够大、彼此接近并沿轨道运行的天体最终都会发生潮汐锁定。通常，较小的天体会被较大的天体潮汐锁定。目前，太阳系中的大多数主要卫星已被它们的行星潮汐锁定。在将来的某个时刻，水星可能会被太阳潮汐锁定。冥卫一已被矮行星冥王星潮汐锁定，且两者大小差不多；这意味着，如果你站在冥王星上，不仅能始终看到冥卫一的同一面，并且它永远出现在天空的同一位置。

暮光之带

当一颗行星被一颗恒星潮汐锁定时，会出现各种奇异的现象。无论何时，它面向恒星的那一面会非常热，而背对恒星的那一面则永远处于寒冷的夜晚中。如果该行星上有足够的物质和某种大气，它

两面的环境会截然不同：一面被寒冰覆盖，另一面是灼热的沙漠。其中唯一可能宜居的地带是赤道周围一块狭窄的区域，那里有足够的热气，能将寒冰融化，从而形成水循环。生命体也只能在这块区域扎根生活，并永远被笼罩在昏暗的暮光中。

"阴暗面"

月球始终是同一面朝向地球，而另一面始终背对地球。因此，在流星撞击月球时，月球的"阴暗面"获得的保护较少，所以那一面形成的月球陨石坑更为明显。

天空与太空的分界线在哪里

我们的头顶上方是天空［这里指地球大气层（又称大气圈）以内的空间］，那里有云朵、飞机和鸟儿。天空之上是太空，那里有恒星、行星和星系。你有没有想过，天空和太空明确的分界线在哪里呢？尽管人们对此没有统一的确切答案，但一般认为，天空与太空的分界线是卡门（又译为卡曼）线。

卡门线

卡门线位于海平面上方100千米处，被普遍认为是地球大气层（天空一般指大气层以内的空间）与太空的分界线。在100千米这个高度，由于大气过于稀薄，飞机无法凭借升力来维持正常飞行，航天器则可以越过卡门线，在太空飞行。但是100千米这个高度并不精确，这是因为气流和其他许多因素的影响让飞机能够飞行的高度上限随着地理位置与时间的不同而不同，因此，100千米只是一个大致的估计。由于飞机的设计初衷并非以理论飞行高度极限进行飞行，所以任何飞机也不太可能达到这一高度。

卡门线由位于法国的国际航空联合会设定，该组织为许多与航空有关的事项制定了国际标准。但这并不意味着卡门线的这一标准适用于世界各地。美国国家航天局（NASA）就将卡门线定义的太空起始点降低到了海平面上方80千米的高度，与美国空军的标准保持

一致。

大气层中有什么

　　大气层并非一个巨大且单一的实体，而是一个复杂的系统。通常来说，它由几层组成，这几层的定义与差别如下。

　　对流层在低纬度地区的厚度为17~18千米（两极附近对流层的厚度要小些）。这是大气层中密度最大的一层，也是各类活动发生最多的一层。对流层的质量占整个大气层质量的比例较大（大气层总质量的75%集中在对流层），绝大多数云在此层形成，绝大多数飞机也在这一层飞行。

　　对流层之上是**平流层**，它最高可以达到距地面约50千米的高度。臭氧层就在平流层中，它吸收了绝大部分的太阳紫外辐射，保护我们免受其伤害。人们还发现，有些鸟类也可以飞至这一层。

　　平流层之上是**中间层**。这里的大气非常稀薄，会有夜光云现象。

　　然后是**热层**，可以延伸至距地面500千米的高度。这里有极光和少量聚集的原子。

　　最后便是**外逸层**（又称散逸层、逃逸层）。这层大气在太阳紫外辐射和宇宙线的作用下，大部分分子发生电离。逃逸层大气极为稀薄，其密度几乎与太空的密度相同。

太阳的双胞胎兄弟（或姐妹）在哪里

大多数像太阳一样的恒星是成对诞生的，按理说，太阳也不该例外。但当我们仰望天空时，显然只能看到一个太阳。所以，要么太阳从来就没有双胞胎兄弟（或姐妹），要么有，但是没有人知道它在哪里。

成对诞生

宇宙中很多的中型和大型恒星是成对诞生的，这是由它们诞生时的环境造成的。恒星通常由星云凝聚而成，这些云团通过引力积聚在一起。当其中的尘埃颗粒被引力拉在一起时，它们之间会发生摩擦。随着星云越聚越大，这些尘埃颗粒会产生足够的热量和压力，当星云达到一定质量时开始收缩，并最终形成一颗恒星。由于这一诞生过程发生在巨大的云团中，所以会同时形成多颗恒星，一颗恒星的形成过程甚至会帮助其他恒星成长。

双星系统

天文学家观测到的所有像太阳一样的恒星中，大部分是成对诞生的，即形成了所谓双星系统（由两颗恒星，而不是两个星系组成的系统）。在双星系统中，两颗恒星围绕着它们之间的公共质量中心（称为质心）运行，系统周围也有行星。有3颗恒星的系统（称为三星系统）则会发生非常混乱的运行现象，容易导致系统崩溃。这并不是说三星系统不可能出现，但这样的系统通常以双星系统为主导，另一颗恒星则在距离这两颗恒星很远的地方围绕着它们运动。

一线希望

至此，本文一开始提出的问题仍然没有解决。太阳的双胞胎兄弟（或姐妹）在哪里？它肯定不在太阳系内，甚至不在太阳系附近。科学家用望远镜观测太空时，因地球周围云层的干扰，视野会受限。所以，虽然他们使用强大的望远镜寻找，但目前仍未发现太阳的双胞胎兄弟（或姐妹）。不过，科学家找到了太阳的另一个兄弟——位于武仙座的恒星HD 162826。尽管该恒星比太阳稍大，但它的亮度不足，所以人们无法用肉眼观测到。科学家对这颗恒星的元素成分进行了分析，结果表明它与太阳诞生于同一片星云。因此，我们还是有希望找到那个躲起来的"淘气"的双胞胎兄弟（或姐妹）的。

名为"复仇女神"的恒星

受古希腊复仇女神传说的影响，人们将太阳失散已久的双胞胎兄弟（或姐妹）称为"复仇女神"。科学家推测：两颗恒星先是分离，后来"复仇女神"穿过太阳系，这让大量的彗星和小行星坠落在太阳上。关于"复仇女神"的最初观点认为，它是一颗红色或者棕色的矮星，目前它仍在太阳系的边缘绕着太阳运行。利用现代技术手段，人们已经可以观测到太阳系的最边缘，但并没有找到"复仇女神"存在的任何迹象。如果"复仇女神"曾经存在，那它现在应该早已离开太阳系了。

为什么所有行星不能排成一条直线

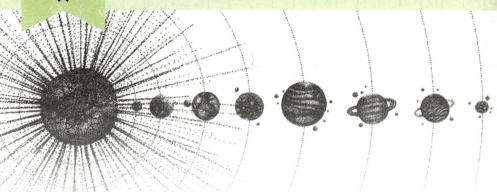

所有行星排成一条直线——这是好莱坞电影、预言和占星术中的热门话题，这一话题的内容一般为，当太阳系中的所有行星排成一条直线时将会产生巨大的能量。而一些不那么离奇的说法则猜测，到了那时候，可能会产生不寻常的引力作用，从而引发灾难。不过，所有的行星有没有可能排成一条直线呢？

无法排成一条直线的原因

事实上，太阳系中的所有行星永远无法真正排成一条直线。这是因为它们围绕太阳公转的轨道不在同一个平面上，各行星沿着各自轨道运行的速度也是不同的，虽然有时我们从地球上观察其他行星时，会看到它们大致处于天空的同一片区域。另外，虽然所有行星看起来非常接近，但是它们实际的分布是相当分散的，因为它们与地球的距离有远有近。

真排成一条直线后引力有何变化

危言耸听者认为，所有行星排成一条直线会让行星的引力作用成倍增大，但这是不正确的。太阳系中的其他行星确实会对地球产生引力作用，不过这种作用微乎其微，甚至弱到即使其他所有的行星以某种方式排成一条直线，也不会对地球产生任何实质的影响。

　　　　　　　　　身边的物理　那些好玩又有趣的物理知识

太阳系中最高的山在哪里

我们会因地球上最高的山的雄伟而情不自禁地发出赞叹。珠穆朗玛峰高出了海平面8 848.86米。但是，与地球附近的行星和小行星上的山相比，我们眼中的这个庞然大物只不过是个小山丘而已。在火星上，就有一座是珠穆朗玛峰将近3倍高的山。

奥林匹斯山

由于我们没有足够的信息来界定其他行星的"海平面"，因此对于地球以外的山，科学家以山脚到山顶的距离作为其高度。奥林匹斯山目前被认为是太阳系中最高的山，它位于火星的一片火山区，是一座火山，其山脚到山顶的距离竟达约21千米。1971年，美国国家航天局发射的"水手9号"空间探测器发现了奥林匹斯山。奥林匹斯山覆盖的范围非常广——它绵延了约600千米（一说550千米）。并且，奥林匹斯山的坡度非常小，如果你站在山脚下，视野内几乎都是这座连绵不绝的山。

红色行星的板块

为什么火星上的山如此巨大高耸呢？在地球上，板块的构造运动让熔岩无法在地壳下积聚，因此形成了由较小的火山组成的火山链，美国的夏威夷群岛就是一个例子。相比之下，火星上没有板块构造现象，且火山大多为死火山。过去，上升的岩浆不断地冲破火星表面的同一个地方并喷发出来，随后岩浆冷却、变硬，从而缓慢地形成了一座巨大的火山。

地球有多少颗卫星

卫星是围绕着行星运行的单个天体，而行星则围绕着恒星运行。木星等其他行星有很多卫星。相比之下，地球的卫星——月球，则显得很孤独。但实际上，地球的卫星并非只有月球。

临时俘获的卫星

月球的直径约为3 500千米，已经围绕地球旋转了40多亿年。此外，在地球轨道附近，还有其他被地球临时俘获的天体（常被称为"临时卫星"），其中有些直径约1米，而大多数还要更小。2006年，在美国亚利桑那大学组织的一次太空观测中，人们发现了一颗"临时卫星"，其大小与一辆汽车差不多。这颗"临时卫星"被命名为2006 RH120（是一颗近地小行星），它在被发现不到一年的时间里离开了地球轨道附近，重新开始围绕太阳运行。"临时卫星"不会沿着完美的圆形轨道绕地球运行，它们的轨道是弯弯曲曲的，这是地球、月球和太阳的引力对它们的作用造成的。

更多的大型卫星

地球可能曾经有过另一颗大型卫星，这也就解释了月球背面的奇怪地形——它可能是因为月球撞击另一颗卫星而形成的。火星目前有两颗大型卫星，其中一颗正在不断接近火星，预计在未来它将坠毁。因此，地球在将来也有可能俘获到第二颗大型卫星。

中最热的物体是什么

是什么形成了暗物质

为什么星系看上去是平的

宇宙有多大

我们可以观测到的最古老的东西是什么

夜空中最亮的东西是什么

为什么星系看上去是平的

星系是由众多恒星和星际物质组成的天体系统，它们的规模看起来令人敬畏（不过可能需要强大的望远镜才能看到它们）。星系有很多种，但它们存在着一些共同点：所有的星系都是平的，并且都在旋转。而正是后者导致了前者。

星系中有什么

星系中的天体靠引力积聚在一起。在可观测宇宙中有许许多多大小各不相同的星系。我们可能会觉得星系内部的行星之间或者恒星之间没什么东西，但与星系外部相比，这部分空间里其实充满了各种物质，如尘埃颗粒、暗物质等。

星系的形成

星系与太空中其他天体的形成方式是一样的——引力将物质拉拢在一起。星系最开始是巨大的气体云团，比我们今天看到的星系要大许多倍。云团不断积聚，形成了恒星、行星和其他天体。同时，所有刚刚诞生的恒星也被引力拉到了一起，集中在星系中心，使中心看起来像一个巨大而明亮的隆起。大部分其他物质和天体则围绕着星系中心分散地分布在一个宽阔的旋转区域中。在星系中，还有一个由许多晕族天体和其他物质组成的"光晕"（称星系晕），它围绕着星系，形成了明亮的、如云一般的近球状区域。

在太空中静静地旋转

在星系形成的过程中，物质不

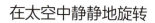

断被拉入其中，星系随之开始旋转。就像恒星或行星形成时那样，被拉入的物质围绕中心旋转，使得周围的其他物质也开始以同样的方式进行旋转，直到它们聚集在一起形成一个旋转的巨大球体。球体旋转需要向心力，而球体为了保持自身位置的稳定就产生了与向心力保持平衡但方向相反的离心力。这意味着，旋转过程中，虽然大多数天体和其他物质被向内拉，但同时它们也不断地沿着平面被向外推，就像厨师在空中旋转做比萨的面团一样。星系就像是环状的行星，只不过星系的环状部分大于其中心部分，并且星系并非只由一些岩石或冰块组成，而是由众多天体组成。

黑洞是什么

你肯定听说过黑洞，它神秘、危险、令人兴奋，但是，黑洞到底是什么？这并非一个简单易答的问题，因为目前，人们对黑洞的了解还远远不够。不过基本上来说，黑洞可以被定义为一个巨大的天体，它有着强大的引力，以至于任何东西都无法从中逃逸。

黑洞如何生成

如果用引力将一些气体云团拉到一起，可能会得到一个类似木星的东西——一个巨大的气体球。如果再往里面拉入更多物质，会得到一颗恒星。这颗恒星历经各种过程，最终可能会变成一个密度非常大的天体，例如中子星（一点点中子星就比珠穆朗玛峰还要重）、白矮星或黑洞。

当足够小的空间中的物质达到一定的质量时，物理法则就会出现奇怪的变化。在引力的作用下，狭小空间内的物质不断相互挤压，最终缩合在一起，变成了一个点。这个无限小的点（名为奇点）具有巨大的引力。

事件视界

巨大物体的引力会将我们拉向该物体，而黑洞就和巨大的物体差不多。黑洞的引力如此之大，以至于没有东西可以从中逃逸。尽管科学家们普遍认为黑洞的中心只是一个小点，但它周围存在着事件视界——黑洞的引力足够大，连光线也无法从中逃脱出来的黑洞的边界。当我们在太空中看黑洞时，会看到一个黑暗的、空空的圆圈。因为黑洞的引力极大，它吞噬了附近任何可以发光的东西。

越过事件视界

假设你乘着一艘宇宙飞船，它的行进速度可以超过光速，你决定越过事件视界并看看里面到底有什么，你会经历如下事情。

当你越过事件视界时，会发现什么都没有，而且也看不出里面的任何变化。你感到无聊，可能还有些失望，于是掉转宇宙飞船，将其加速到比光速还快，想要马力全开，离开这里。不过，随后你跌到了黑洞的更深处！黑洞的引力是如此之大，以至于自身空间也发生了折叠。现在，你被黑洞困住了，并且越来越接近黑洞的中心。由于你的腿部更接近中心，所以腿部受到的引力要比头部受到的引力大，你的身体开始被拉长。这种情况会持续一段时间。实际上，随着你距离黑洞中心越来越近，时间也会变得越来越慢。这个时候去观察宇宙，你会看到恒星在你眼前诞生和死亡，因为它们经历的时间比你经历的快。到了最中心，黑洞的时间也许会停止。关于这一点，我们并不十分确定。物理法则在黑洞中会"失灵"，所以这是我们能给出的最好猜测。

宇宙中最热的物体是什么

理论上的最高温度被称为普朗克温度，它为1.4亿亿亿亿（1.4×10^{32}）摄氏度（℃）；目前，没有物体的温度可以接近这个温度，之后也不会有。地球上最热的地方是欧洲核子研究中心（CERN）的大型强子对撞机（LHC）的内部，它一部分在法国境内，另一部分在瑞士境内。

最热的物体

大型强子对撞机的工作过程是，将粒子加速到接近光速，然后让它们相互碰撞，获取碰撞结果。如果让两个金属颗粒互相猛烈碰撞，可能仅需不到1秒的时间，产生的温度就可达约4×10^{12}摄氏度，这是哈格多恩温度的大约两倍。哈格多恩温度指的是维持强子稳定（即不发生相变）的极限温度。科学家利用大型强子对撞机对

原子进行分解，然后对分解的部分进行研究。

最热的自然物体

宇宙中有很多非常热的天体。太阳核心的温度可以达到1 600万开，有些比太阳更大的恒星的温度甚至能比太阳的温度高近10倍。

不过，最热的自然物体当数超新星的核心。超新星是恒星演化至末期时发生爆发的变星。超新星内部有着巨大的压力，能够达到数千亿摄氏度的温度。

宇宙中最冷的物体是什么

理论上，最冷的物体可达到的温度是0开（-273.15摄氏度）。这是会使所有物体，包括原子都停止运动的温度。由量子物理学的知识我们获知，物体是无法达到这个温度的。那么最接近这一温度的物体是什么？据报道，有史以来的最低温度物体是美国科罗拉多州的一小块金属。

最冷的物体

2016年，位于美国科罗拉多州博尔德城的美国国家标准与技术研究院的研究人员获得了一块很小的铝片，然后用一种名为"边带冷却"的特殊激光技术将其冷却至仅0.000 36开（注：2021年时，该纪录被打破，最低温度物体为处于玻色—爱因斯坦凝聚态的气体云，温度为38万亿分之一开）。

低温让许多物理学研究变得容易得多。温度是物体内粒子运动情况的一种测度。在较低的温度下，所有物体的运动速度都会降到很低，研究发生意外的可能性也较小，这为创造低温并在低温环境下进行研究提供了合理性方面的证明。

最冷的自然物体

宇宙中最冷的自然物体是旋镖星云，它是一个生命即将走到尽头的天体，在此阶段它会快速膨胀并排出气体，因此变得非常冷，温度仅约1开。

是什么形成了暗物质

你也许听说过暗物质，它是宇宙中最大的谜团之一，连它的名字也暗示着人们需要对它有更多的了解。它之所以被称为暗物质，是因为它不会发出任何光。

暗物质就在宇宙之中

宇宙中有很多的暗物质。实际上，在宇宙中暗物质的质量是普通物质的5倍以上。但是，我们从未见过暗物质，并且不知道它是什么，我们怎么知道哪里有暗物质？更不用说知道有多少了。

1933年，一位名为弗里茨·兹威基的科学家研究了数百万光年以外的星系团。他根据成员星系光度确定其质量，然后准备进行下一步计算。他很快意识到，成员星系的运动速度超出了预期。唯一的解释是，有一些缺失的物质没有被包含在光度计算过程中，而缺失物质的质量是可见物质的很多倍。然后，科学家对其进行研究，确定了暗物质不仅存在于这个遥远的星系团

中，每个星系都有暗物质，也包括我们人类所在的银河系。暗物质是一种不可见的物质，在整个宇宙中形成了巨大的网。

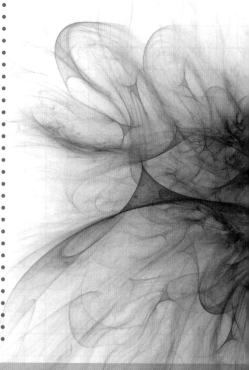

谜一样的暗物质

我们不知道什么是暗物质，但是关于暗物质的讨论有很多。最初的观点认为，宇宙中有许许多多的黑洞、行星和褐矮星，比人们认为的要多得多，就算用现代最先进的技术也无法看到它们，而它们在宇宙中占据了一定的质量。但是，

暗能量

在我们对宇宙的理解方面，暗物质并不是唯一的未解之谜。对宇宙膨胀情况的计算引出了未知能量的问题。由于我们不清楚它的起源，它被称为暗能量。宇宙中近70%（质量分数）的能量为暗能量，科学家对它的了解比对暗物质的了解还要少。

按照这一说法，即便我们对这些天体的质量进行了最夸张的预估，估计的结果也无法接近宇宙缺失的质量。关于暗物质是什么的主流观点认为，它是宇宙中的不发光物质，包括不发光天体、星系晕物质和非重子中性粒子，比中微子更难被检测到。

宇宙有多大

道格拉斯·亚当斯曾说过一句有名的话："宇宙，很大。"正如这句话所言，宇宙真的很大，可观测宇宙跨越900多亿光年的距离，但真实宇宙本身可能比这一数字还要大。

宇宙膨胀

自从大爆炸发生以来，宇宙一直在不断变大。准确来说，大爆炸可以被称为大膨胀。宇宙始于一个无限小的点，然后迅速增大。在暴胀期，它仅用了 10^{-32} 秒，尺寸就增大了 10^{50} 倍。经过暴胀期后，宇宙膨胀的速度迅速减缓，但继续以大约光速的速度在变大。宇宙大约有138亿年的历史，所以按理来说，宇宙从中心到边缘的距离（相当于半径）应该约是138亿光年，宇宙的总体宽度（相当于直径）则应该约为276亿光年，但其实答案并不是这么简单算出来的。

膨胀正在加速

1998年，两个研究遥远的超新星的团队发现，宇宙不仅在膨胀，其膨胀的速度也在加快。他们的研究还清楚地表明，这一现象会对宇宙中的天体造成影响：所有天体都正在互相远离，而且天体之间的距离越大，它们互相远离的速度就会越快。距离我们足够远的天体可能会以超过光速的速度离我们而去，因此我们将会永远看不到它们。

身边的物理 那些好玩又有趣的物理知识

宇宙的中心有什么

如果宇宙是从一个单一的点开始膨胀的，那么就引出了一个问题：现在，宇宙的中心有什么？一个黑洞？外星生物组成的第一个古老种族？令人失望的是，宇宙的中心什么都没有，因为实际上，宇宙并没有中心。

宇宙膨胀

不错，宇宙确实始于一个单一的点，然后开始膨胀。但是，宇宙膨胀的方式并不是像炸弹爆炸一样。宇宙并非在空间里发生膨胀，而是空间本身在膨胀。宇宙（可能）是四维的，这说明宇宙膨胀是四维膨胀。这意味着所有的四维事物都在膨胀、彼此远离。宇宙没有中心点。一种观点认为，膨胀的起始点以一个四维点的方式存在，它并不存在于我们的三维宇宙中，因此我们无法到达那里或者观测到它。

三维思考方式的问题

人类是生活在三维世界（如果算上时间的话，也可以说四维，见第107页）中的三维生命体。如果你想从三维的角度思考四维问题的话，只是尝试增加一个维度往往是行不通的。我们不妨以大家都喜欢的气球为例，来思考一下维度问题。想象一下，在一个气球的表面绘出一个二维宇宙，再画上几个旋涡和点来分别表示星系和其他物质。当你把空气吹入气球中，气球会在三维空间中膨胀，气球上的二维宇宙也会膨胀。绘制的星系向外扩张，它们之间的距离越来越远，就像宇宙膨胀时发生的那样。但是，在气球的二维图中无法找到三维空间的中心，就像我们无法找到宇宙的中心一样，它仅存在于四维世界中。

宇宙将如何终结

没有什么可以天长地久，甚至有一天，宇宙也会终结。不过让人感到欣慰的是，根据科学家的预测，就算这一天不会在上万亿年后才来临，它也不会在数十亿年后就来到。没有人真正知道宇宙如何结束或何时结束，但我们对此有很多设想。

热寂

自大爆炸发生以来，宇宙中的能量一直在消散。熵可用来表示宇宙中的能量消散的情况。热寂说（一种关于宇宙的错误的理论）认为，这个熵最终会达到一个极大值，那时宇宙中的所有物质会达到热平衡并且再也无法运动。恒星的光芒熄灭了，宇宙中也找不到它们的替代物；所有的星系都将冷却，变成充满惰性物质的球体；甚至黑洞也将蒸发消散。到那时，整个宇宙将变成一片死海，什么也不会出现，也不再有任何变化。

假真空理论

"大坍缩"

我们不知道宇宙为何或如何膨胀，可能有一天，宇宙膨胀现象会停止并发生逆转。大坍缩理论假说的内容：膨胀后的宇宙自身会开始坍缩，此时星系之间不再继续彼此远离，而是开始被拉近甚至融合在一起；随着宇宙变得越来越小，各种物质被压缩进了一个越来越小的空间，不仅星系间开始彼此碰撞，其他一切天体、尘埃颗粒等也会发生碰撞，于是再次发生宇宙大爆炸，一切又从零开始。

"大撕裂"

我们知道宇宙正在不断膨胀，而且膨胀的速度在加快，也许宇宙膨胀会一直持续，并最终达到一个阶段。此时宇宙膨胀的速度非常快，快到即便很小的空间的膨胀速度也大于光速。这将导致可观测宇宙的范围越来越小，因为宇宙的更多部分将会远离我们的观测范围。

最终，这甚至可能会导致单个原子或原子的组成部分与其他部分分离，直到小到无法再分离的单个部分独自留在属于自己的空间中，而这一空间趋近无限，也就是宇宙发生了"大撕裂"。这是宇宙中暗能量的斥力作用的结果。关于宇宙为何终结或如何终结的问题，因为暗物质和暗能量的存在带来了很多不确定因素，所以在不了解它们时，我们永远无法对这个问题给出确定的答案。

夜空中最亮的东西是什么

夜空中有很多明亮耀眼的东西，比如恒星、行星、月球；还有更令人兴奋的东西，比如黑洞周围的吸积盘（这是黑洞附近的物质被黑洞吸积时形成的环绕黑洞的盘状结构）、星云等。但是夜空中最亮的东西是超新星（准确说，是发生超新星爆发瞬间的变星）。

超新星如何生成

超新星有两种主要类型，即Ⅰ和Ⅱ型，Ⅰ型又分为Ⅰa型、Ⅰb型、Ⅰc型，下文以Ⅰa型为例。它们都是在恒星内核坍缩及引发的热核爆炸，还有吸积伴星物质达到一定质量或与伴星并合引发的爆发中诞生的，但不同类型的超新星在诞生过程的细节上略有不同。一种观点认为，Ⅰa型超新星来自密

近双星系统，这一系统通常由白矮星和红巨星组成。白矮星可以通过吸积的方式从红巨星上吸取物质，质量因而变得越来越大。当白矮星的质量超过钱德拉塞卡极限，也就是刚刚超过大约一个半太阳质量时，其内核中的碳被点燃，发生爆炸，白矮星变成超新星。虽然不同的Ⅰa型超新星非常相似，但是由于诞生时间的差异，不同Ⅰa型超新星在爆发强度和亮度上的差异可

能非常大。

超新星爆发

发生超新星爆发时光度可达到原来天体光度的1 000万倍以上，释放的能量达10^{41}~10^{44}焦。一颗恒星在变为超新星时，可以在短时间内变得与它所在的星系一样明亮。这意味着，我们能看到数百万光年以外的遥远星系中的一颗超新星。但是，由于它们过于明亮，我们很难看清其他的具体细节。如果有两个选项——要么是太阳变成超新星，要么是有史以来威力最大的炸弹在你面前爆炸——摆在你面前，要你从中选择，那么无论怎样你也要选择后者。不过不用说，两个选项都不会带来好结局。

观测超新星

人类观测并记录超新星的历史比较悠久。几个世纪以来，中国古代的天文学家一直在对超新星进

参宿四，参宿四……

参宿四是全天亮度排行第十的恒星，位于猎户座，很容易观测到。它是一颗巨大的红超巨星，平均直径为太阳的650倍。参宿四注定要在不久之后变为超新星（它可能已经变成超新星了，如果是这样的话，它发出的光目前还没有到达地球）。问题在于，从天文学研究的结果来看，它可能在明天或100万年内爆发。如果参宿四在我们的有生之年爆发，我们就会在几周内看到它变得几乎和满月一样明亮，即便在白天也可以看到它，直到它的光芒永远熄灭。

行记录，许多文明都观察到夜空中的这些天体和它们的变化，并赋予它们各种宗教含义。但是在16世纪晚期，一颗新星的出现促使第谷·布拉赫等天文学家思考：天空是否真的像人们以前想象的那样一成不变？

我们可以观测到的最古老的东西是什么

光需要在一定时间的传播后才能到达我们眼前，所以我们能观测到越远的东西，就能了解越久远的过去。我们头顶的夜空中布满了早已消逝的星星发出的光。那么，我们能观测到的最古老的东西是什么呢？

宇宙背景辐射

我们可以观测到的最古老的东西是宇宙背景辐射（全称为宇宙微波背景辐射，又称宇宙微波背景）。它是宇宙诞生约30万年后，来自宇宙空间背景上的高度各向同性的微波电磁辐射。那时，宇宙冷却到了一定温度，这个温度足以让电子和质子组合成第一批原子（即氢原子）。这些新形成的原子无法吸收周围的所有能量，使得如光之类的电磁波传播了出去，由此宇宙也第一次变得可见。宇宙背景辐射最初是以光波的形式释放出去的，不过它又继续冷却了数十亿年，现在温度仅为大约2.76开，并且已经延伸至微波范围。宇宙背景辐射遍及宇宙的各个角落。

奇怪的噪声

早在20世纪中期，就有理论预测出了宇宙背景辐射，但是直到1964年人们才真正发现它。那时，美国的射电天文学家正在使用一种新的接收天线系统，旨在进一步探索宇宙。通过这种装置，科学家们很快发现了一种奇怪的噪声。无论他们如何调整装置，都会传来这种噪声，因此他们认为装置存在问题。他们检查了所有天线，清除了可能的干扰，甚至挪走了安扎在天线中的鸽子窝并清理干净了鸽子弄脏的地方，但发现噪声仍然存在。最后，科学家们将噪声和现代的相关理论联系在一起，意识到自己发现了大爆炸的遗留物。

为什么在听到雷声前会先看到闪电

因为太冷而不会下雪的说法正确吗

龙卷风是如何形成的

飓风为什么会旋转

为什么火箭发射后总是会下雨

因为太冷而不会下雪的说法正确吗

有时候，你可能会听人们议论道："天气太冷，都不下雪了。"从直觉上来判断的话，这句话是不正确的，因为天气冷是下雪的前提。不过，天气冷才会下雪只说出了一半的真相。天气冷到不会下雪的情况是有可能发生的，并且随着天气越来越冷，下雪的可能性也会越来越小。

最佳降雪时刻

大多数的降雪发生在温度为-11~0摄氏度的天气。请注意，这是云层温度而不是地面温度，地面温度可能会比这个温度略高或略低。在这个温度下，空气中的水蒸气开始凝结，形成降雪。随着云层的温度变得更低，空气中能容纳的水蒸气变少，空气因而变得干燥，也就无法形成降雪。所以，由于天气太冷而不会下雪这一说法可能是正确的。

没有两片相同的雪花吗

关于雪，人们常常挂在嘴边的一个"事实"是，世界上没有两片相同的雪花。这是真的吗？其实这句话并不正确。世界上确实有多种多样的雪花，它们之间可能有很大的不同。当你在暴雪中观察每片雪花的时候，也很难找到相同的两片。然而，可能性小并不意味着绝对不存在。我们可以期待一下，未来我们终将发现它们。

身边的物理　那些好玩又有趣的物理知识

为什么我们不能追上彩虹

无论是为了找到一罐金币，还是仅仅想一睹它的样子，许多人都曾追逐彩虹，试图追上它。遗憾的是，没有人成功。这是因为彩虹并不是真实的实体事物，而是一种光学现象。

彩虹是如何形成的

白光是其他所有颜色的光的混合体。当白光穿过诸如玻璃棱镜之类的透明物体时，就会被分解为各种颜色的光。同理，当阳光（一种白光）从你的身后照射下来，而你的前方恰好有水滴时（比如雨水，或者来自水管的喷水），阳光照射进单个水滴，就会被分解为各种不同颜色的光。但从每个水滴折射出的光中，只有一部分特定波长的光能进入人们的眼睛。光进入水滴后，先折射一次，然后在水滴背面发生反射，离开水滴时又折射一次。由于各种色光偏折程度不同，就会发生色散现象。当空气中同时有数百万个水滴时，来自所有水滴的不同颜色的光会聚集在一起，于是就形成了彩虹。

"移动的"彩虹

人们看到的水滴折射出的光线，其颜色受到人们所在位置的影响，因此人们在移动的过程中，会看到位置保持不动的水滴折射光的颜色发生了变化。这看起来像是彩虹也在移动。彩虹并非客观存在的东西，每个人看到的彩虹都略有不同。你可以尝试一下——你永远也不会追上彩虹。

飓风为什么会旋转

飓风是具有极强破坏力的风暴，它可以造成大规模的破坏。如果你看过飓风的卫星图像，应该会留意到它是旋转着的。飓风（在大西洋、墨西哥湾、加勒比海和北太平洋东部形成的中心附近风力大于或等于12级的热带气旋叫作飓风，在西太平洋和南海处形成的中心附近风力大于或等于12级的热带气旋叫作台风）的旋转归因于科里奥利效应。

科里奥利效应

要了解科里奥利效应，我们首先要在头脑中想象出一个篮球。设想一下，我们在篮球上放两张贴纸：蓝色的贴纸粘在篮球中央，红色的贴纸粘在靠近（但没有到）顶部的位置。然后我们把手指放在篮球底部，像专业球员那样旋转篮球。假如篮球在我们的手指上每秒转动一圈，那么可以想象出来，靠近篮球顶部的红色贴纸的转动速度比较慢，篮球中央的蓝色贴纸的转动速度要比红色贴纸的转动速度快，因为它需要转动的距离更长。这就是科里奥利效应所依据的基础理论——在一个固态的旋转物体

身边的物理　那些好玩又有趣的物理知识

（比如篮球或者地球）上，不同点的旋转速度可能不同。

在地球旋转的过程中，空气自然会朝着一个方向运动。就像篮球一样，地球赤道处的旋转速度比两极处更快，这意味着赤道上方的空气也运动得更快。如果空气中有物体从北极沿直线向下，朝赤道移动，那么由于速度上的差异，赤道处速度更快的空气会使物体的运动方向朝右（西）偏移。如果物体从南极向上移动，它的运动方向将朝左（同样也是西）偏移。

旋转的飓风

飓风是大气中的云与气流系统形成的巨大的低气压气旋。太阳使赤道附近的海水升温，大量的水蒸发，形成了最初的云。随着海水的持续蒸发，温暖潮湿的空气持续向上移动，云层也不断地形成和发展，在这一过程中始终伴随着雷雨。飓风是巨大的气旋，它最初的移动速度较为缓慢，并一直受到科里奥利效应的影响。随着飓风离开赤道，科里奥利效应加快了飓风的旋转。飓风旋转的方向取决于它所处的半球。飓风带来的大量降水和风暴潮会产生巨大的破坏力。

马桶水流的方向

有一个说法：由于科里奥利效应，当你冲马桶的时候，马桶内的水会顺时针或逆时针旋转，具体的旋转方向取决于你所在的半球。这一说法是不正确的，因为在如此小的范围内，是马桶的形状而不是因为地球自转而产生的科里奥利效应影响着水流的旋转方向。

火旋风是如何形成的

火旋风（又称"火焰龙卷风"）是高耸的旋转火柱，它极其危险又令人着迷。无论是自然原因还是人为造成的大火（通常是森林大火）都可能引发火旋风：当风与大火带来的上升热气相结合，高耸的火旋风就形成了。

从旋风到火旋风

突然的温度变化或者地面高度的变化会扰乱风的正常流动，导致旋转空气柱的形成。旋转空气柱在风的驱动下运动，形成旋风。旋风可以随时随地形成，火旋风形成的原理与旋风相同，但火旋风由大火引起，进一步增加了不稳定性。火旋风空气柱内部的火焰会向上燃烧。火旋风的直径和高度可从不足1米到数百米。

致命烈焰

火旋风的温度通常为数百摄氏度，火焰的竖直上升速度和切向旋转速度可分别达90米/秒和40米/秒以上。当它在陆地上移动时，火会蔓延开来，燃烧形成的碎屑可撒落在数千米范围内。1923年，日本关东大地震引发了巨大的火旋风，并造成多处发生火灾。灾难中，火旋风在15分钟内造成数万人死亡。

为什么在听到雷声前会先看到闪电

雷雨让人感到既兴奋又害怕，一道闪电一闪而过，震耳欲聋的雷声紧随其后。闪电和雷声始终按照这个顺序先后出现。为什么会这样呢？这是由声音和光在空气中的传播速度不同造成的。

首先是闪电

本质上，雷击与静电产生的火花是一样的。当你触摸一些金属物体时，静电火花也可能会对你造成一阵轻微的电击。在雷雨云中，许多冰晶等相互碰撞，形成了静电。这一过程中，雷雨云会积聚大量的电荷，其中云层的上部一般聚集正电荷，下部聚集负电荷。大部分电能在云层之间释放时会形成片状闪电，但是如果雷雨云内积累了足够多的电荷，电荷就会冲破云层的边界，这时电能释放时会形成带状闪电。光以大约30万千米/秒的速度传播，因此，当闪电形成时我们的眼睛几乎瞬间就可以看到。

然后是雷声

雷声是闪电形成时发出的声音。闪电出现时，放电通道中的空气迅速升温、膨胀，产生冲击波，出现强烈的雷鸣。而声音以约0.34千米/秒的速度（1标准大气压下声音在15摄氏度的空气中传播的速度）传播，要比光的传播速度慢得多。

判断距离

知道了这个知识，我们就可以通过闪电与雷声出现的时间间隔来判断雷雨发生地距离我们有多远。如果看到闪电的时间与听到雷声的时间相隔5秒，那么我们就距离雷雨发生地1.7千米。而如果在看到闪电后过了10秒我们才听到雷声，雷雨则在距我们3.4千米的地方。

极光是怎么产生的

这个世界充满了令人惊叹的景象，也许最吸引人的景象之一是极光——它们就像有人挥舞着的五彩缤纷的彩带，在天空中飘动。极光是由太阳粒子流轰击高层大气，使其激发或电离的彩色发光现象。

极光的形成

太阳将大量的带电粒子喷射出去，其中一些到达了地球附近。当这些粒子撞击地球的大气层时，它们会与大气层内的各种气体的分子和原子发生碰撞，激发出彩色的光；当同一时间内激发出的光足够多时，就会形成极光。绿色是极光最主要的颜色，此外还有红色、紫色等颜色。

为什么很少见到南极光

北极光和南极光都是存在的，它们的形成原理完全相同。人们很少能看到南极光，是因为它出现在南极洲及其周边海域，这里气候极端，人类通常难以到达。

为什么火箭发射后总是会下雨

火箭发射是人类取得的伟大成就之一。在火箭发射过程中有一个有趣的现象：火箭总是在晴朗的天气条件下发射，可发射约1小时后，发射地就开始下雨。其实，降雨是由火箭燃料的燃烧引起的。

3—2—1，发射

火箭想到达太空必须先离开地球的大气层，而摆脱地球引力是一项艰巨的任务，需要消耗大量的能量。燃烧汽油产生的能量并不能满足这一能量需求，所以科学家们用了一种氢气和氧气的混合物作为火箭的燃料。燃烧这种燃料可以产生更大的能量，同时形成了水蒸气，所以，在火箭发射过程中大量的水蒸气会释放出来（也就是火箭助推器喷出的白色物质）。这些水蒸气会聚集成云，在火箭发射约1小时后就形成了降雨。

下雨并非易事

光有水蒸气是无法形成降雨的。这是因为水分子的黏合能力并不强，只有当空气中的灰尘或其他颗粒物与水蒸气结合在一起，才会形成液态或固态的水凝物粒子。这些粒子在达到一定大小后，无法飘浮在空气中，便会落下形成降雨。

蝴蝶扇动翅膀真的会引发龙卷风吗

有这样一个说法：一只蝴蝶在巴西扇动翅膀，最终会引发美国得克萨斯州的龙卷风。这个说法是事实吗？答案既可以说是，也可以说不是。不过在大多数情况下，这个说法并不能成立。

混沌理论

爱德华·洛伦茨是混沌理论的开创者。他从事大气对流确定性模型的建模工作，致力于让数据发挥作用。他发现，对模型中的初始条件进行微小的、看似无关紧要的更改，最终结果会发生巨大的变化。他深入研究了这一现象，最终提出了"蝴蝶效应"这一概念。

我们经常将世界中各种现象间的关系视为简单的因果关系，认为在计算机的帮助下，我们通常可以对未来发生的事情进行准确的预测。不过，混沌理论增加了事情的复杂性。该理论认为，动态系统中的任何微小变化都会对结果产生巨大的影响。天气只是其中的一个例子。混沌理论解释了为什么天气预报总是不准。

混沌理论所阐述的现象在物理世界中非常普遍，它涉及物理、化学、生物学和数学等许多学科。也许在将来，随着计算机性能的提高，混沌理论只会是一个非常复杂的数学公式。但至少就目前而言，混沌理论告诉我们，宇宙中的许多事物本质上是无法预测的。

蝴蝶引发的龙卷风

蝴蝶效应指出，一只蝴蝶扇动翅膀会引起气压的变化，而这可能正是漫长而复杂的反应链的开始，最终会形成一场龙卷风。但是，反应链是如此之长又复杂，且掺杂着许多其他影响因素，所以龙卷风的发生很难仅仅归因于蝴蝶扇动了翅膀。

我能制造出一块钻石吗

为什么金属可以导电，木头却不能导电

为什么门把手会带电

为什么不同的物体会在不同温度下熔化（或融化）

为什么核废料在上千年内都可能是不安全的

为什么不同的物体会在不同温度下熔化（或融化）

几乎一切物体都可以熔化（或融化），但是不同物体所需的熔化（或融化）温度可能相差很大，这就是为什么厨房台面上忘记放进冰箱的一盒冰激凌会变成液体，而旁边的勺子却不会。不同物体熔化（或融化）温度不同的原因：当构成物体的材料升温到使物体保持固体形态的化学键发生断裂时，物体就会熔化（或融化）。材料的类型不同，原子的键合强度也是不同的，所以在不同的温度下不同的化学键会发生断裂。

化学键

原子之间有不同的键合方式。有些原子或分子的性质完全不同，它们就像微小的磁铁一样，通过磁极彼此吸引连接在一起。另外，当原子之间能够共享电子，或者失去或获得电子的行为赋予了不同原子相反的电荷时（就像磁铁相对的两端），就会发生键合，形成化学键。原子之间通过化学键连接形成分子，我们要将这些化学键断开，才能让物体熔化（或融化）。

极强化学键

已知的具有最高熔点的材料是碳化钽铪合金（Ta_4HfC_5），它在4 215摄氏度的高温下才能熔化；而具有最低熔点的元素是氦，它的熔点为约-272.2摄氏度，仅比绝对零度（0开，-273.15摄氏度）约高1摄氏度。

为什么金属可以导电，木头却不能导电

如果你曾制作过电路，或者接触过电子元器件，你会注意到某些材料可以导电，而其他材料（例如木头等）则不能导电。能否导电是由材料的电阻和自由电荷载体（如自由电子、离子）等决定的（主要由后者决定）。

电阻

电流是电荷通过某种导体（例如电线）的定向移动，但是电荷的移动始终受到阻碍。想象一下电荷穿过一个物体的场景，就像一大群跑步者穿过茂密的森林。不同材料的电阻有高有低，而高电阻就像是森林中生长得更加茂密的树木。这意味着跑步者很难从中穿过，他们必须放慢速度，有时甚至可能会被撞倒。

自由电子

金属有一种被称为金属键的特殊键合形式。每个金属原子周围的外层电子（价电子）容易失去而形成正离子和自由电子。这意味着，当金属导体接通电源的时候，金属的外层电子可以自由移动，更容易形成电流。

不同的金属，不同的导电性

并非所有的金属都具有同等的导电性。由于不同金属内部结构的不同，电阻的大小也不同；同时，不同金属元素的外层电子数量不同，也会导致电阻不同。所有金属都可以导电，但是某些金属（例如金和铜）比其他金属（例如铝和钛）的导电性要更好。

为什么核废料在上千年内都可能是不安全的

核裂变可以在不消耗大量燃料的情况下产生巨大的能量，所以它似乎是解决能源危机的好办法。不过问题是，核裂变产生的废料具有危险的放射性，并且由于放射性元素的半衰期过长，危险将存在很长时间。

半衰期

假设现在有一块核材料，它包含 2 000 个放射性铀原子。随着时间的流逝，材料会自然地释放出某种形式的辐射，发生衰变。

经过一段时间（称为半衰期），材料中大约一半的原子会衰变。继续上一个例子，材料中的放射性铀原子会仅剩 1 000 个。当同样长的时间过去后，剩下的放射性铀原子中的一半衰变，仅剩下 500 个。又一个半衰期后，将只有 250 个，依此类推。我们很难解释为什么会发生这种情况，但事实是，每个半衰期中每个原子衰变的概率就像抛硬币的结果一样：在每个半衰期中，任何单个原子都有一半的机会衰变，所以全部原子中大约会有一半发生衰变。半衰期效应意味着，尽管核材料的放射性会随着时间的流逝而减弱，但它要花很长时间才能衰减到不会威胁人类安全的程度。

核材料

不同的核材料以不同的速度衰变。一些用于医疗目的的核材料，半衰期只有几分钟，但是核电站核废料的半衰期往往很长。铀裂变后会产生铯-137和锶-90等元素，铯-137和锶-90的半衰期分别为约30年和约29年；而钚裂变后会产生钚-239，其半衰期长达24 100年！

雷猫

关于核废料的问题之一是如何确保其安全性。大部分的核废料被封闭储存在巨大的地下库中，但是在10 000年的时间内，人们对于这些地方的记录可能会丢失——所有关于它们的书面和口头描述有可能会失传，甚至关于辐射是什么的知识也可能失传。那么，我们要如何传递信息，告诉后代这些地方的危险性并让他们避免前往呢？最有趣的想法之一是进行基因改造，创造出"雷猫"。它看起来与普通的猫没什么两样，但是在有辐射的地方会改变颜色或发光。然后我们可以为后代留下一条信息：如果猫的颜色变了或发光了，你应该立即离开这个地方。这样一来，即使未来人类使用的语言发生了变化，只要这条信息留存了下来，那么，我们就可以确保地球上未来人类的安全。

为什么门把手会带电

我们可能都遇到过这样的情况：当你伸手去摸门把手的时候，突然间会感到一阵猛烈的、异常疼痛的电击。电击你的也有可能是楼梯扶手或梳子，但重点是，你总会被这种情形吓一跳。这些东西会电击你，主要是因为静电积聚。

静电效应

电流是电荷从一个地方到另一个地方的定向移动。在电路中，电池的作用是使导体内产生电场，电荷在电场的作用下移动形成电流，而电能会以电击的形式释放。有时，电击是由静电导致的。电荷积聚在物体上静止不动，使物体所带的电被称为静电。当带有静电的物体与其他物体接触时，它会释放电荷，此时便会产生电击。

轻微电击

电荷在你和周围的环境之间移动时，你的身边一直都会有微小的、难以察觉的电击，不过为什么有时你会感觉到这些电击呢？这是因为静电能积累到一定程度时，人们就可以感觉到电击。产生静电最常见的方法之一是将可导电的物体放在一起摩擦，因为此时电荷会被从物体上摩擦下来。当我们穿衣服或脚踩在地毯上四处走动的时候，我们的身体会产生静电。这时，一旦我们触摸由金属制成的物体，该物体会使电荷快速移动，从而产生有痛感的电击。由于橡胶鞋底会阻止电荷在身体与地面之间移动（因为橡胶是绝缘体，不导电），所以只有当我们用手触摸金属的时候，才会感觉到电击。如果你发现自己受到很强烈的电击，那么就需要避免穿会产生大量静电的材料（例如羊毛）制成的衣服。

竖立的头发

当你把手放到范德格拉夫起电机上的时候，你的头发会竖立起来。这是因为，起电机内部的传送带摩擦金属并夺走其电子的时候，起电机的球形罩（空心的金属球）会带正电荷。当你将手放在球形罩上的时候，你身上的自由电子会移动到球形罩上，你随之带上正电荷。也就是说，你的每一根头发都带有正电荷，因此每根头发都会排斥其他头发，直到它们不再相互接触并独自竖立起来。这个现象的原理和你尝试将两个磁铁相同极性的一端推到一起产生的现象的原理一样。

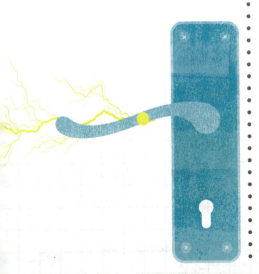

火车悬浮的原理是什么

37

过去只会在科幻小说中才能看到的悬浮列车，如今已经存在于我们的真实世界了！自20世纪60年代以来，德国、韩国和日本等国制造了各种悬浮列车（包括模型），这些列车主要利用电磁铁的同极相斥原理（也有采用异极相吸原理的）实现悬浮，称为磁悬浮列车。

磁悬浮列车是怎么实现悬浮的

磁悬浮列车有很多种，但是在早期它们主要用于在展览会上展出，仅可短距离运行。后来，韩国仁川机场的磁悬浮列车实现了在机场与其他地点之间往返。一些磁悬浮列车下方是用电磁线圈包覆的金属轨道，列车上精心设计的电磁体可以产生与轨道相同极性的磁场，根据磁极同性相斥的原理，列车便悬浮在金属轨道上方。

为什么要让列车悬浮

让列车悬浮有很多好处。其

身边的物理 那些好玩又有趣的物理知识

中最明显的一点是，由于列车不和轨道接触，因此它们之间不会发生摩擦。这意味着，磁悬浮列车要比普通列车的速度快得多，并且它比普通列车更轻，不会对轨道造成太大的压力，从而降低了轨道的维护成本。

实现磁悬浮列车的完全电动化并非难事。磁悬浮列车不是靠车轮滚动前进的，而是用磁力推进，用电力来实现这一点要比用汽油或者柴油发动机更容易。而且使用电力有利于保护环境，也降低了成本。

新型磁悬浮列车

日本新干线等新型磁悬浮列车利用了超导体的特性。超导体是非常特殊的材料，当它被冷却到一定温度（称"临界温度"）时，将不具有任何电阻，处于超导态，具有被称为迈斯纳效应的特性，这一特性下磁感应强度为零，即磁场被从磁体内排挤出去。这意味着，如果磁体在被冷却的超导体上方，那么在超导体的整个超导态中，磁体都会保持悬浮不动。

超导体的其他用途

超导体在磁悬浮列车实现悬浮方面发挥了巨大的作用，这让人感到兴奋。不过超导体的零电阻特性更为有趣。这一特性能更好地让电子设备运行得更快并且不发热，解决了科研人员当前所面临的这两个问题。超导体可以以更低的损耗达到更高的传输效率，减少了操作中所需的能量。超导体还可以用于医学领域（例如磁共振成像）和各种科学实验（例如欧洲核子研究中心的大型强子对撞机实验）。超导体存在的主要问题是，所有已知的超导体都需要保存在温度极低的环境中。这促使人们开始寻找常温超导体，如果将来可以找到的话，它将掀起世界性的革命。

我能制造出一块钻石吗

你可能被常言误导过，认为钻石是珍贵稀有的东西，是一种具有魔力的石头，仅存在于世界的中心。但实际上，钻石只是排列方式特殊的碳原子团，我们可以在实验室里制造出钻石。

重新排列碳原子

每个碳原子可以形成4个化学键。由于存在多个化学键，碳原子有许多不同的排列方式。人体主要由氧元素和碳元素组成，但人体中碳原子的排列方式与煤炭中碳原子非常无序的排列方式有着很大的不同。可以制成铅笔芯的石墨是碳的一种同素异形体，而石墨烯是一种单原子层石墨。

钻石中的碳原子排列为四面体形状，这些四面体相叠加，形成了非常坚硬的晶体结构。

制造钻石

天然钻石形成于地壳，碳原子在其中经受着巨大压力和高温。我们可以创造出相同的条件，即赋予碳原子巨大的压力，将其压制成形，并且给予高温环境来烧掉除了构成最坚硬的钻石的化学键以外的其他所有化学键，这样，我们就可以获得人造钻石。

人造钻石在特性上与天然钻石相同，但人们会将它制造得比天然钻石小得多，以此降低成本。由于硬度很高，人造钻石常常被用作建筑工具，有的也被用在电子设备中，甚至还有人将它用于珠宝行业。

为什么物体受热和冻结时体积会膨胀

直觉告诉我们，当物体受热时，它们的体积会膨胀。在变热的情况下，门可能会被卡住，马路可能会裂开。建造桥梁时人们也需要把桥梁受热后体积会膨胀这一点考虑进去。很多人并不清楚为什么会发生这种情况。其实，热量会让物体体积膨胀的原因是受热的物体有了更多的能量。

为什么拥有更多能量的物体体积变得更大

温度的高低影响物体中原子的活跃度。物体的温度越高，原子振动或移动的速度就越快。因此，当你加热某个物体的时候，构成它的每个原子的移动速度就会变快。原子活跃度的增加意味着它将占据更大的空间。尽管每个单独的原子在移动速度加快时可能仅占据很小的空间，但是当一个物体（比如岩石）中的所有原子的移动速度都加快的时候，这个物体的体积将出现明显的膨胀。

物体被冻结时体积的膨胀

有些特定材料在被冻结的时候体积也会膨胀。你可能已经注意到了，当你把一整瓶水放入冰箱冷冻后，过一阵再将冰箱打开，你会发现瓶子裂开了。呈液体形态物体中的所有原子都能自由地移动，但是当其中的某些化学物质变成固体时，它们会形成晶体结构。这种结构让单个原子彼此分开，并固定在某一位置上，从而使物体的整体体积发生膨胀。

是什么让不粘锅具有不粘的特性

我们在做饭的时候总会遇到一个恼人的问题：食物粘在了锅上。不过好在不粘锅如今进入了我们的厨房，它采用低摩擦系数的涂层解决了此类难题。

粘锅的原因

你可能会对快速煎熟的鸡蛋并不像胶水一般粘在锅底感到惊讶。其实，鸡蛋和其他粘在锅上的食物是黏附在了锅表面的小孔、划痕和其他损坏处，这些缺陷既有可能是在制造过程中形成的，也有可能是过度用力清洗锅具造成的。这也说明了为什么旧锅的粘锅情况更加严重。

将低摩擦系数材料涂在锅上

不粘锅的制造方法与普通锅相同，但是工人会在不粘锅上涂一层名为聚合物的特殊材料。聚合物是具有重复结构单元的化学物质，非常坚固，不容易形成化学键合，与其他物体间的摩擦力也较小。这些特质意味着，食物可以轻松地在聚合物表面滑动。很多人也许会问，我们怎样将具有不粘性质的聚合物黏附在锅上？这当然是可以实现的：锅最初的表面非常粗糙，聚合物可以通过喷涂的方式黏附在锅上，然后形成光滑的不粘涂层。

身边的物理　那些好玩又有趣的物理知识

飞机如何在空中飞

为什么用放大镜可以点燃物体

透过墨镜看到的东西为什么是暗的

真的可以通过将钥匙放在头顶来远距离解锁汽车吗

核弹爆炸的原理是什么

不穿航天服能在太空活多久

为什么微波炉上有张网

当你使用家里的微波炉的时候，其中的微波发生器会发出微波，使食物分子振荡并相互摩擦，产生热量，从而加热食物；如果微波随意发散出来，可能会对人体造成伤害。微波炉门上的金属网可反射或吸收微波，防止微波泄漏。

佩利冬电磁波

1998年，澳大利亚帕克斯射电天文台的一架64米口径的射电望远镜首先探测到了佩利冬（以一种神话传说中的动物命名）电磁波。它是一个短暂的射电暴（仅持续几毫秒），当时人们不知道它来自哪里。

很快，人们确定了该电磁波并非来自太空深处，关于其来源人们提出了很多假设，包括从飞机信号到太阳耀斑。直到2015年人们才意识到，该电磁波是天文台的科学家没等微波炉完成加热工作就把炉门打开，使一些通常被锁定在金属网里的微波释放到了空气中而产生的。

用巧克力棒测量光速

只需要一台微波炉和一条巧克力棒，你就可以测量光速！将巧克力棒放在可用微波加热的托盘上，放入微波炉内，然后让微波炉开始工作，直到巧克力棒上有一些地方开始熔化（大约需20秒）。微波波形具有波峰和波谷，每经过一个相邻的波峰和波谷，微波就会在巧克力棒上产生一个熔化点。你需要测量一个波峰到另一个相邻波峰或者一个波谷到另一个相邻波谷的距离，以获得微波的波长；最简单的方法是测量一个熔化点到另一个相邻熔化点的距离，然后将得到的数值增加一倍。最后将所得结果乘所使用的微波炉的频率（微波炉的频率通常约为 2.45×10^9 赫），这样就能得到光速了。实际的真空光速为 299 792 458 米/秒，用你得到的结果比比看吧！

不穿航天服能在太空活多久

太空航行是一项非常昂贵的活动，其中一部分钱花在了航天服上，一般一件就价值数百万美元。那么能不能不穿航天服以减少花费呢？实际上如果没有穿航天服，人类进入太空将面临快速而痛苦的死亡。其原因有4点。

氧气

太空中几乎没有空气，也就没有氧气。航天服配备的氧气罐可以为人们提供氧气，以维持生命。一般来说，一个人可以屏住呼吸60秒左右。但是在太空环境下，人们先要将肺部的空气全部排出来（因为肺部的空气会在太空环境下膨胀，最后撑破内脏），所以可以屏住呼吸的时间大大缩短到约15秒，然后人就会失去意识。

温度

没有阳光照射时，太空非常非常冷。这种低温状态会让身体的各个部位冻结并破裂。不过因为体温降低需要时间，所以这种情况并不会在瞬间发生，可能需要1分钟左右的时间。

压力

太空中没有太多东西，但是我们的身体里有许多东西。身体内外压力上的差异会使人体内的东西自然而然地被向外推挤。血液中的某些物质会转化为气体，从而产生气泡，这会让身体膨胀起来。即使在太空的低温环境下，压力也可能导致身体表面的液体（例如眼睛周围或嘴中的液体）开始沸腾。

辐射

即使你想办法躲过了其他问题，但还是会暴露在太空极强的辐射下。辐射来自恒星和其他物体，高辐射紫外线、X射线和可能会遇到的伽马射线会给人体带来不可逆转的伤害。

冰箱如何保持低温

在现代生活中，一项最不起眼的技术措施是保持物品（尤其是食品）在低温状态。它可以使食品经过长距离运输后仍保持新鲜，或储存时间变得更长，但是其背后的原理是什么呢？简单来说，以冰箱为例，它可以让低温液体（制冷剂）在其内部流动，并不断地向外排出热量。

热量输送

热量会从热的地方传向冷的地方。如果你让两个温度不同的金属相接触，较热的金属中的热量会传到较冷的金属中，直到它们达到相同的温度。制冷剂通过管子在冰箱内部流动，冰箱内部的热量会传入管子中，再被输送出去。

保持低温

把冰箱中的热量导入管子中并不算难，但当热量在管子中的时候该怎么办呢？如果热量一直在管子中，冰箱内的所有东西最终会升到室温，所以一定要将管子中的热量输送走。实现这一过程的方法：冰箱将制冷剂转换为高压蒸气，再将其冷凝为高压液态制冷剂（这一步在冰箱背面的一排设备中完成），高压液态制冷剂流入毛细管后被节流，再送入蒸发器，在蒸发器内，液态制冷剂由于压力突然降低而蒸发，同时吸收冰箱内被冷却食品的热量，从而保持冰箱内部的低温状态。

铅笔是如何在纸上留下笔迹的

铅笔可以用来写东西。但你是否想过，铅笔是如何在纸上留下笔迹的？其实，这些笔迹是铅笔利用石墨的特殊构造与成分在纸上留下的石墨薄层。

洋葱般的薄层

铅笔芯是由石墨制成的。石墨是碳的一种同素异形体，其结构非常特殊：碳原子在大的薄片结构内构成规则的图案（通常为正六边形），多个薄片上下堆叠在一起，形成层状结构。单层薄片内碳原子间的结合力很强，难以被破坏，但是各层之间的结合力很弱。这意味着，使用铅笔的时候，你只需要稍微压一下，铅笔芯上面的一些薄片就会滑落并留在纸上。

太空铅笔

你可能听说过，在人类刚进入太空的时候，美国投入了数百万美元和多年的研究时间，想要发明出一种可以在太空中使用的笔，这种笔可以在水下、零重力环境和各种温度条件下使用；而苏联人在太空中使用铅笔。这听起来很有趣，但并不是完全真实的：美国和苏联在太空最初都使用铅笔，但很快就改用了太空笔。这是因为，铅笔芯由石墨制成，容易折断，并且可能会掉落小碎屑。此外，石墨具有导电性，所以如果自由飘浮的石墨碎屑与某种电子元器件相接触，可能造成严重后果。

核弹爆炸的原理是什么

核弹是人类制造出的最具破坏力的东西之一，它能把整个城市夷为平地。核弹爆炸产生的巨大能量是通过核反应释放出来的。根据结构原理的不同，人们将核弹大致分为以下两种。

原子弹：裂变反应

第二次世界大战期间美国投在日本的原子弹由质量较大的元素（例如铀或钚）构成，这种元素中包含大量的中子和质子。当铀或钚的原子核被点燃，就会分裂出中子并释放出能量；这些中子与其他铀或钚原子碰撞，会继续发生反应并且释放出更多的能量，分裂出中子；这些中子再继续碰撞、分裂……在这种连锁反应中释放出巨大的能量。原子弹的威力一般为数百吨到数万吨三硝基甲苯（TNT）当量。

氢弹：聚变反应

氢弹比原子弹更先进、更具破坏性。它通常使用初级爆炸时产生的X射线压缩聚变材料（氘、氚等轻原子核），使其迅速加热到非常高的温度，发生聚变反应，释放出大量的能量并发生爆炸。有史以来爆炸过的威力最大的氢弹是苏联于1961年试爆的"沙皇炸弹"，它产生的威力为5 800万吨TNT当量。

为什么有这么多类型的灯泡

购买灯泡可能是件麻烦事，因为人们很容易一不小心就买到错误的型号。灯泡除了有很多不同的尺寸和配件，其类型也很多。不同类型灯泡的生产方式不同，发光效率和发光强度也不同。

白炽灯

白炽灯是一种传统的灯泡。在白炽灯中，电流通过一圈紧密缠绕的线圈（通常由钨制成，被称为灯丝）时，会释放出极高的热量，使灯丝发光。白炽灯的发光效率很低，仅能将2%~4%的电能转化为光，其余大部分电能则转化为热量。

卤素灯

卤素灯具有和白炽灯一样的灯丝（由钨制成），但是卤素灯的灯泡中充满了包括卤素（例如溴或碘）气体在内的一些气体。钨丝被加热后钨原子蒸发，与卤素气体发生化学反应，生成的卤化钨不稳定，会重新分解成卤素气体和钨，钨会重新沉积到钨丝上，从而被回收利用，延长了灯泡的使用寿命。

荧光灯

你在学校或办公室看到的白色长灯管是荧光灯。荧光灯内含有汞蒸气，电流通过该蒸气时会让其处于激发态。于是，汞蒸气放电，产生紫外线辐射，激发灯泡内壁上的荧光粉涂层发光。荧光灯比白炽灯更节能。

LED 灯

LED（发光二极管）灯由特殊的微型电子组件构成。当电流通过的时候，半导体芯片内电子与空穴的复合导致光子发射，因而产生发光效果。LED灯需要的能量很少，但比其他类型的灯泡的发光效率更高。最新的改进技术已经可以让现在的LED灯像白炽灯一样明亮。

为什么石英手表会发出嘀嗒的响声

人们用手表来查看时间，手表已经有100多年的历史了。在石英手表中，微小的二氧化硅晶体以一种规律的模式振动，这是其计时的基础。

计时功能

所有传统时钟的工作原理都是相同的：某种机械进行周期性的摆动。落地摆钟的钟摆以相同的时间间隔来回摆动；机械钟的摆轮进行周期性的摆动；就连现代的原子钟，也利用原子能级跃迁吸收或发射频率异常稳定的电磁波作为频率标准来保持钟摆固定的摆动时间间隔。

晶体的力量

石英手表中有一小块大致呈圆柱体的二氧化硅晶体。二氧化硅晶体具有压电性。这意味着，当挤压或拉伸二氧化硅晶体时，它将产生很小的电流。而且，电流通过二氧化硅晶体时会使其被反复挤压和拉

伸，从而产生振动。石英手表通常经过精心制作而成，二氧化硅晶体每秒振动32 768次，这一振动频率让手表中的电子设备或齿轮每秒运动一次。该运动将驱动秒针，进而会带动所有与秒针连接的零件工作。

准确的时间

一直以来，知道准确的时间

> **"当挤压或拉伸二氧化硅晶体时，它将产生很小的电流。"**

都非常重要。尤其是在海上航行时，精确计时与否可能是生与死的区别。18世纪中叶，在人们发明出高质量的发条之前，在船上想要知道准确的时间可能很难，因为摆钟的运动会受到船在海上颠簸的影响。人们提出了多种方案以解决这一问题，其中有一些可行的办法，也有一些滑稽的提议。有人建议为每条船配一条狗，在狗上船前的一段时间里，每天正午，一个人会在准确的时间用同一把特殊的刀割伤狗。这一做法的理由是，在航行过程中，由于条件反射，狗会在正午同一时间发出惨叫，这样船上的船员就会知道准确的时间。还好，这个荒谬的提议几乎立刻就被否决了。

现在，全球各地的实验室中有许多原子钟，用来记录精确的时间。这些原子钟利用铯原子能级跃迁吸收或发射频率异常

稳定的电磁波作为频率标准来计时，并定期相互比较以确保标准时间的统一。国际原子时是综合世界各国多个实验室的原子钟的钟面时得到的时间计量系统；而协调世界时是以原子时为基准，在时刻上尽量接近世界时的一种时间计量系统。有趣的是，由于地球自转速度不稳定等因素，因此国际原子时比我们日常生活中所用的协调世界时快37秒。

真的可以通过将钥匙放在头顶来远距离解锁汽车吗

你可能听过这样一个老掉牙的说法：把汽车钥匙放在头顶上，就可以扩大其发出的信号——一种无线电波——的覆盖范围，从而可以在更远的地方解锁汽车。令人难以置信的是，这真的可以做到——身体可以充当放大器。

无线电波

汽车钥匙中有一种短距离无线电发射器，它会发射出带有特定编码信息的无线电波，当汽车接收到无线电波的时候就会解锁。无线电波是由带电粒子（如电子）的运动产生的。不同波段的无线电波具有不同的传播特性。北美制造的汽车，钥匙发出的无线电波频率主要为315兆赫；其他地方制造的汽车，钥匙发出的无线电波频率主要为433兆赫。汽车钥匙发出的无线电波的覆盖范围一般为50米以内。当超出该范围时，无线电波会变得微弱，无法被汽车读取，也就无法解锁汽车。

人体放大器

水在人体中（尤其是头部）占据了相当大的比例。当无线电波穿过水的时候，水分子与无线电波的电磁效应会发生协同作用，然后模拟出信号，这样的信号模拟让无线电波变得更强。所以，当你将汽车钥匙放在头顶时，它发出的无线电波的覆盖范围会扩大，你就可以在更远的地方解锁汽车。

身边的物理 那些好玩又有趣的物理知识

飞机如何在空中飞

众所周知，飞机既大又重。尽管如此，它还是可以在天空中飞来飞去，好像重力不能将它拉下来一样。飞机可以在空中飞行，是因为它能产生足够的向上力（称为升力）来抵消向下的重力。

产生升力

机翼的设计效果应当为让撞击机翼底部的空气分子比撞击顶部的空气分子更多，这样机翼底部才会受到更大的力，于是就会产生升力。设计出的机翼形状应是底部更平坦并且轻微向上倾斜。这样的设计使飞机向前移动时，机翼的底面会受到大量空气分子的撞击，这种撞击产生了向上的力。由于机翼顶部略微弯曲并向后倾斜，撞击顶部并将其向下推的空气分子较少，因此机翼整体产生了向上的趋势。

上升与下降

飞机在起飞时越飞越高，因此机身向上倾斜。这意味着，机翼的底部将受到更多空气分子的撞击，产生更大的升力，从而推动飞机上升。相反，在下降的时候，飞机向下倾斜，机翼产生较小的升力。飞机的机翼经过了精心设计，当飞机水平飞行的时候，受到的重力和升力会相互抵消，飞机会在一个稳定的高度飞行。

透过墨镜看到的东西为什么是暗的

在大晴天的时候，你可能会戴上一副墨镜。这一奇妙的发明甚至让你的眼睛在最强烈的阳光的照射下也可以睁开。高质量的墨镜会通过偏振光线让物体看起来变暗，也就是说，墨镜只让特定相位的光线通过，减少了到达人眼的光线。

变化的波形

光是一种电磁波，这意味着它为曲线。同时，光具有相位，相位指的是光波在前进时，光子振动所呈现的交替的波形变化。普通光源可以产生大量的光，即便从同一光源沿着相同的方向发射出去的光，也有可能有不同的相位，也就是说，光的波形是变化的。

保护滤网

有些墨镜的镜片由偏光镜制成。偏光镜的结构是一组细小的长条，

这些长条因为太小而无法用肉眼看到。偏光镜的作用是过滤掉某些相位的光：与长条相同相位的光可以穿过偏光镜，但如果其角度略微变化，则会被阻隔在外，无法通过偏光镜。戴上墨镜后，墨镜外的一切都会变暗，这是因为原始光源中只有一小部分光穿过了偏光镜。通过减小或增大长条间隙，我们透过墨镜看到的东西可以更暗或更亮。

为什么用放大镜可以点燃物体

许多人在小时候都做过这件事——用放大镜点燃一张纸。那么，这一小片玻璃为什么就能点燃物体呢？这是因为，放大镜能够将太阳光聚焦到一个较小的点上。

操纵光线

操纵光线最简单的方法之一就是使用透镜。透镜是由表面不平的玻璃或其他透明材料制成的，不同形状的透镜以不同的方式影响穿过它的光线。凸透镜中央比四周厚，穿过它的光线向中间会聚；凹透镜中央比四周薄，穿过它的光线向四周发散。改变透镜的曲率，可以控制光线在透镜中传播路径的长短。放大镜是一个大的凸透镜，它可以将大量的光会聚在物体的一个很小的点上。物体上的聚焦点会吸收光能而变热，最终将物体点燃。

透镜的用处

不只是放大镜使用了透镜，眼镜所用的也是透镜，眼镜的镜片可以改变进入眼睛的光线，让戴眼镜的人更容易看清物体。望远镜和显微镜也由一系列透镜组成，这些透镜可以使入射的光线更加聚集，从而拉近图像；或者让光线分散开，从而放大图像。人的眼睛中也有透镜结构——晶状体，这就是永远不要用激光笔照射眼睛的原因。晶状体为双凸透镜状的组织，能将激光笔的强光束会聚在一起，形成更强烈的聚光并照在视网膜上，这可能会导致失明。

指南针指向哪里

也许你之前用过指南针，它是用于定位的主要工具。几乎每个人都认为指南针红色端的磁针（标记"N"）总是指向北极，但事实是，它指向的是地球磁场（这里特指地球基本磁场）的南极（也称地磁南极）！

指向哪个极点

指南针指向的是哪个极点？这个问题的答案可能会让人摸不着头脑，因为指南针的红色端磁针确实指向北极，但这个北极并非地球磁场的北极（也称地磁北极）。实际上，地球有几个不同的极点。一般人理解的极点应该是地球的地理极点，即地球的自转轴与地球表面相交的地方，看地球仪会更直观一点儿，其中顶部为北极点，底部为南极点。

磁极

地球的磁极（称地磁极）按地理学习惯分为地磁北极与地磁南极，但是它们的位置和地理极点不同。

地磁北极的位置会经常移动。如果你以地磁北极为起点，穿过地球中心画一条线，其与南半球球面的交点并非地磁南极。这是地核和太阳风的运动导致的。

另外，为了沿用地理学上的称呼习惯，人们把指南针红色端磁针（标记"N"）指向的地磁南极称为北磁极，把指南针另一端（南极端）磁针指向的地磁北极称为南磁极。

"指南针红色端磁针确实指向北极，但并非地磁北极。"

家用电池和汽车电池有什么区别

电池的形状和尺寸各异，但是它们都扮演着同样的角色：产生电能。但为什么没有一款电池可以用于所有这类用途呢？为什么AA型号的电池不能为汽车供电？不同的电池不可以相互替代使用的原因在于，它们会产生不同的电流。

电压和电流

电压指电场中两点间的电势差。想象一下爬梯子的场景：你越爬越高，与地面之间的距离也会越来越大，从而产生了更大的重力势能。攀爬的时候，重力势能的大小对你可能不会有什么影响，可一旦摔下来，你就会感受到其大小差异造成的后果。回到电路中，当电荷在电池两端积聚，数量足够多时，会冲破障碍形成电流，而电池的电压为电荷提供动力。另外，电流还是对电路中通过的自由电子数量的量度；自由电子越多或运动越快，电流就越大。

不同的电池，不同的用途

12伏的家用电池和12伏的汽车电池虽然电压相同，但它们不可替换使用。这是因为它们要完成不同的工作，所以提供的是不同的电流。用于遥控器或其他类似设备的家用电池需要提供小而恒定的电流，而汽车电池则需要能提供较大的瞬时电流以启动发动机。家用电池通常仅能产生约0.05安的恒定电流，而汽车电池则可以提供400安以上的瞬时电流！

电流杀手

电压并不是那么危险。如果你曾经在科学课或者科学展会上触碰过范德格拉夫起电机，那么当时你所接触的电压已超过100 000伏。也许它会让你觉得有点痛，但并非不安全。电流则被证明是致命的，流经人体的电流会干扰各种正常的人体信号，从而引起包括肌肉痉挛、心脏骤停等各种问题。人体存在电阻，所以电流通过人体就会产生热量，有可能严重灼伤人体内部和外部。任何流经人体的超过0.1安的电流都是致命的。

汽车电池安全吗

比起可以致命的电流大小（超过0.1安），普通汽车电池可以产生是0.1安4 000倍以上的电流，这是否意味着汽车电池对人体有极大的危险？幸运的是，答案是否定的，其关键在于我们身体存在电阻。人体皮肤的导电性很差，所以尽管汽车电池能够产生非常大的电流，但用手接触汽车电池只会产生轻微的刺痛感，而不会产生致命的电击。但这并不是说你可以随意触摸汽车电池或对其毫无戒备。任何类型的电池，尤其是容量较大的汽车电池，一旦损坏、老旧或者使用不当，都可能对人体造成严重伤害。

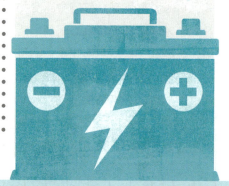

发电站为什么像一把水壶

让电灯一直保持亮着的状态并非易事。发电站这一庞大的建筑致力于为我们的日常需求提供足够的电能。发电站和一件非常普通的家用物品有些共同点——尽管原理不同，但发电站和水壶都会产生大量的蒸汽。

发电机

闭合导体在磁场中做切割磁力线运动可以产生感应电流，而产生感应电流最有效的办法是在磁场中旋转线圈。在均匀磁场（空间各点的磁感应强度的大小和方向均相同的静磁场）中以恒定的速率旋转线圈，可以产生稳定的正弦交流（AC）电，电流将从线圈的末端导出。交流电是一种普通家用电。

巨型水壶

尽管可以使用简单的手动曲柄

或转轮来带动线圈转动，以此产生交流电，但是发电站要产生大量电能，所以需要一种更有效的转动线圈的方式。几乎所有的发电站都采用了同样的办法：像用来烧水的水壶一样，通过燃烧燃料产生的热量煮沸一大壶水。石油、天然气、煤炭，甚至核电站的核燃料都可以用来加热水。一旦水达到沸点，超热蒸汽（最高可达593摄氏度，而一般条件下普通水壶产生的蒸汽仅为100摄氏度）会迅速上升并经过一系列涡轮机，推动涡轮机旋转（热能转化为机械能）。这些旋转的涡轮机与发电机相连，带动发电机旋转产生电能，输往全国各地。

可再生能源

大多数可再生能源也依赖于涡轮机的旋转来产生电能。风力发电场用的显然是由风驱动的涡轮机，而在水力发电站中，涡轮机由从大坝上流下的大量水驱动。即使在使用生物能源和地热能的发电站中，能量也被用来将水煮沸，从而产生蒸汽以使涡轮机转动。不过，太阳能是一个例外。有些太阳能发电站利用特制的镜子将太阳光线反射到发电站，以加热水，从而产生蒸汽。然而更常见的是，太阳电池板中的电池吸收阳光，然后释放出电子，从而产生电流。

聚变能源：未来的燃料

目前，聚变能源已被科学家视为未来几十年中一种前途光明、资源丰富的能源。聚变过程复制了太阳核心的聚变反应条件，能让两个氢原子聚变为一个氦原子，这一过程中每磅（1磅≈454克）反应物质释放的能量要比任何化石燃料都高10 000 000倍。但就算以这种先进的能源作为燃料，发电站仍将利用它来加热水，产生蒸汽以带动涡轮机旋转。

如何给电池充电

有些电池相当昂贵，随意丢弃还会破坏环境。基于这些原因，科学家付出了巨大努力，终于实现了一种可以让电池反复使用的办法——充电电池。它利用电来逆转自身的发电过程。

电池如何工作

所有电池的工作原理都是相同的。它主要由金属部分和被称为还原剂的化学物质（例如锌或镉）等构成。当将电池连接到电路中时，位于电池负极的金属会发生氧化反应，化学成分改变，释放出电子。释放出的电子在电路周围流动，产生了电流，然后再流回到电池正极和还原剂中。

最终，所有金属都完成氧化，不再释放出电子。

充电过程

充电电池的工作原理与上述内容有所不同，因为它使用了由特殊材料制成的金属和还原剂（例如镍、镉或锂离子），可以让化学反应发生倒转。在充电过程中，外部电源通过电池的正负极施加电流，使得电池内部的化学反应倒转。这时，电池的正极会吸附电荷，负极则释放电荷，实现电池内部化学能的储存。

这意味着，经过这一过程后，电池就可以再次被使用。

Wi-Fi的工作原理是什么

量子计算机有什么与众不同之处

什么是像素

计算机如何存储数据

计算机如何存储数据

计算机几乎用于我们生活和工作的方方面面，而我们却没有真正了解它的工作原理和物理组件。尽管我们一般都知道，计算机以1和0作为驱动，其工作原理与工作过程却完全是个谜。概括来说，计算机磁盘以1和0的方式存储数据。

磁位

计算机磁盘驱动器由可以旋转的磁盘、磁头、读写电路及机械伺服装置等组成，数据存储在其中。磁盘上的数据可以通过磁头读取或写入，这一过程就像老式留声机一样。在留声机中，数据存储在凹槽中，读针在经过这些凹槽时读取数据。在磁盘驱动器中，数据被编码在磁盘的小区位中，这些区位被称为磁位（1字节有8位）。磁位由若干更小的"微粒"组成，它们是金属中自然存在的结构，作用就像微小的磁体，几个微粒连接在一起组成磁位，充当一个更大的磁体。磁位可以存储数据，单个磁位可以向左右移动（或者向上和向下，具体取决于其制造方式），从而使数据被读取。当访问数据的时候，读取探头会划过磁位的顶部。探头从一个磁位检测到另一个磁位，当检测到有变化的时候，读取为"1"；如果没有变化，读取为"0"。磁盘驱动器每秒可以读取或写入（通过翻转磁体实现）数百个磁位。

"计算机磁盘以1和0的方式存储数据。"

未来的存储方式

计算机发展的永恒追求是实现更小的磁盘驱动器和更大的存储量。即将被启用的磁盘驱动器之一是热辅助磁记录（HAMR）磁盘驱动器。显然，使磁盘驱动器容纳更多数据的办法之一是让磁位和微粒更小。但是，这样一来，它们会更容易受到外界影响，导致磁位的磁场方向随机改变，从而造成数据受损。为了解决这一问题，可以加入一个具有更高矫顽力的磁层，让磁场方向更为稳定，但新数据写入磁盘驱动器也会变得更加困难，进而降低计算机的运行速度。在HAMR磁盘驱动器中，激光加热材料会在新数据写入前工作，从而降低了矫顽力，然后再将数据写入磁盘驱动

器；之后，磁盘驱动器冷却下来并将数据锁定。这意味着，同一区域可以存储更多的数据。

固态硬盘

使用晶体管的固态硬盘（SSD）可以取代磁盘驱动器，其中的晶体管可以在开启状态下让电子通过（"1"），也可以关闭以阻止电子通过（"0"）。这种方式能够更快地记录和写入数据，并且由于没有可拆解的零件，SSD也更加耐用。不过，与传统的磁盘驱动器相比，SSD更加昂贵且可存储的数据更少。

Wi-Fi的工作原理是什么

如今Wi-Fi无处不在：住宅、办公室、咖啡馆……甚至有些城市已全面覆盖Wi-Fi。Wi-Fi将可连接互联网的交换机和支持Wi-Fi的电子设备相连接，实现无线电信号的传输。

生成无线电波

要了解Wi-Fi无线电波的特殊之处，需要先知道无线电波是怎么产生的。生成无线电波很简单，只需要一根简简单单的天线。无线电波是一种电磁辐射（就像光一样），简单地移动某种带电粒子（比如电子）就可以生成无线电波。在无线电天线中，电子沿着金属杆上下移动，就产生了无线电波。用不同速度将电子上下移动就可以产生不同频率的无线电波。任何以电力驱动的物体都会发生电子运动，也就会发出无线电波。现代社会的大多数科技发明是由电力驱动的，所以我们身边存在着很多无线电波。但是，经过专门设计的无线电天线可以产生单一、大规模和清晰的无线电波，并能够将其传输很远。

携带信息

无线电波能够以某种方式携带信息。它是如何做到的呢？为了能够携带信息，一般的无线电波（对于 Wi-Fi 而言，其频率通常为 2.4 吉赫）被信息信号"覆盖着"，也就是说，无线电波在传播之前被加载了信息（这一过程称为调制，主要包括调幅、调频、调相 3 种）。这就像往一条坚硬的金属丝中加入少量信息，并将其弯曲成形；其主干不变，但是细节中包含了信息。当无线电波到达手机或者笔记本计算机这样的设备时，设备可以从中提取出信息。这一原理让信息快速传输成为可能，进而造就了无线互联网的广泛使用。

Wi-Fi对人体有害吗

有些人担心，生活在无时无刻不被无线电波包围的环境中，可能会给健康带来危害。不过，科学家已经对此给出了十分明确的表态：Wi-Fi 设备、移动电话、基站或其他任何现代电子设备发出的无线电波都没有危险性。这是因为，其发出的辐射并非电离辐射，而且我们每天或多或少都会受到一些来自自然界的辐射，但其并没有对我们造成多大伤害，与之相比，人类技术产生的辐射微乎其微。

光缆是未来的发展趋势吗

自电报出现开始，人们就使用铜缆传输信息。从横跨大西洋的电缆到家用电话线，铜一直是电缆的首选材料。不过，由于光缆能够更可靠地传输更多的信息，最近它的应用越发普遍。

地下铜缆

信息信号可以沿着铜缆以电脉冲的形式传输。19世纪初期，在电报中最初只有简单的用莫尔斯码表示的开关信号（0和1），这些代码的组合可以转换为字母、数字等。随着电缆技术的发展，人们通过改变电流和相位可以用同一根电缆发送多种信号。铜缆通常被捆扎在一起，外部有保护层包覆，它们被铺设在地下，以防止意外损坏和外部干扰。

身边的物理　那些好玩又有趣的物理知识

光缆是什么

你之前可能见过光缆：它是体育场闪光灯和现代照明系统的主要组成部分。光缆由透明塑料管、光导纤维等构成，即便是在移动和弯曲时，光也可以通过光导纤维从管子一端传输到另一端。光缆可以让光沿着管子传输而不泄漏出去，这是由完全的内部反射决定的。光缆所用材料的性质意味着，任何撞到管子侧壁的光都会被反射并返回光缆中。光缆塑料管外覆盖着深色保护层，以进一步提供保障。

光缆的优点

光缆通过传输光脉冲来工作。就像最初的铜缆一样，光缆传输的是开关信号（用0和1表示）。但是人们通过改变光的频率，可以使光缆传输信号的数量比最先进的铜缆还要多至少10倍。光缆的优势不只是信号传输量大，它的传输距离也更长，即可在更长的距离中传输信号而不使其受损。与铜缆相比，光缆更耐用，使用寿命更长。因为即便是受到保护的铜缆也会随着使用时间的增长而氧化，导致工作效率降低。此外，由于铜缆中使用的是导体铜，它会受到外部电场的影响，造成信号的损坏；而使用光导纤维的光缆则避免了这一问题。光缆更加安全：光缆中的信号难以被窃听。目前光缆尚未完全普及的原因之一是它更昂贵，并且有些地方的地下已经铺设了铜缆。但是，近年来铜的价格越来越高，而光缆的价格越来越低，同时人们需要更换旧的铜缆，随着这一发展趋势，光缆的未来可谓一片光明。

扬声器如何工作

如今的扬声器可以轻松地发出高度逼真的声音，而留声机的那种刺耳且夹杂着无线电波声响的声音已经越飘越远。现代扬声器通过操纵电磁铁来回移动产生声音。

扬声器的构造

扬声器主要由连接着小型电磁铁（仅当电流通过时才具有磁性的装置）的纸盆（扬声器常见的一种振膜，还有陶瓷盆、羊毛盆等，可统称为音盆，这里以纸盆为例）构成，它的旁边有一个永磁体。当电流以某种方式通过小型电磁铁的时候，小型电磁铁会被排斥或被吸引到较大的永磁体上。从人的嗓音到瀑布的咆哮声，所有声音都是声波振动的结果，而这些振动通常发生在空气中。在扬声器中，纸盆底部的电磁铁通过推拉的方式来引起纸盆内部的空气振动，从而发出音乐、语音或其他各种类型的声音。

不同的扬声器，不同的声音

扬声器有各种类型。尽管它们遵循着相同的原理，但彼此之间略有区别。一般而言，不同的扬声器纸盆形状略有变化，可以在更高或更低频率上发出质量更好的声音。耳机的工作原理与普通扬声器相同，尽管它要小得多。耳机只需通过振动耳道中容量较少的空气，就可以弥补其体积带来的音色不足问题。

变压器有什么作用

变压器无处不在——从路边贴着醒目的警告标志的建筑体，到小器具充电器上的奇怪盒子。尽管它如此普遍，但你可能连它的用途都不是很清楚。变压器的主要用途是，对被使用或传输的电压进行升降压。

盒子内发生了什么

变压器包括3个主要组成部分：一次绕组、二次绕组和磁芯（或铁芯）。当电流通过一次绕组时，磁芯中会产生磁场，进而在二次绕组中产生电流。该过程使电能从变压器的一侧转到另一侧。电压在变压器内发生改变，具体如何变化则取决于两侧绕组的圈数。如果二次绕组的圈数多于一次绕组的圈数，电压会升高；反之，则电压降低。

国家电网

在一些国家，发电站会产生25 000伏的高压电，但是这些电在传输之前需要改变电压的大小。当电流沿着高架线传输时，电压越大，损失的电能就越少，因此要把电压增加至40万伏，以减少电能损耗。这种级别的电压会毁掉家中所有的电子设备，所以在电流到达电子设备前，会先进入当地的小型变电站，在那里降压至220伏（称为家用电源电压，北美为110~120伏，中国为220伏），然后输送到家庭和企业，用户就可以根据所需，安全地使用电能了。

量子计算机有什么与众不同之处

计算机一直向着更小更快的方向发展，不过它目前已经快要达到技术的极限。计算机中的晶体管的尺寸已经达到纳米级别，在这一级别上，量子效应意味着计算机将不再需要传统组件。量子计算机之所以与众不同，是因为它利用量子效应来存储和处理大量信息。

量子比特

在普通计算机中，信息以位（bit，比特）的形式被存储。一位可以具有两个值，即1或0。相比而言，量子比特则具有两种可能的状态，比如电子的旋转（上和下）或光子的相位（水平和垂直）。具体来说，量子比特利用量子态叠加效应，可以同时具有两种状态，而只有在你使用它的时候它才处于其中任一状态。这意味着，你可以在同一位置中存储多条信息。早期的8位电子游戏要用8位存储一条信息，但是如果你

使用8量子比特，就可以存储256条信息，因为它们同时具有1和0的状态。总之，量子比特可存储的信息呈指数增长。

为什么要关注量子计算机

虽然你的家用台式计算机或手机不会在短时期内发展成为基于量子的产品，量子计算机也还在发展的初期，但是这些并不代表量子计算机不会很快地影响你的生活。量子计算机不断增强的功能和存储能力被科学家用来创建更准确的模型，处理更复杂的问题，从而极大地提升了研究水

平。但是量子计算机的发展也带来了数据安全性的问题。现代计算机使用复杂的代码来确保用户的信息安全。如果用一台现代超级计算机来破解一个标准的128位高级加密标准密钥，所需的时间比宇宙的存在时间还要长，但是一台量子计算机可能会在短时间内完成破解工作。这让信息安全专家开始重新考虑如何在将来确保用户的信息安全。

速读

量子比特不仅在信息存储方面出类拔萃，人们也可以利用量子纠缠将两个量子比特连接在一起，当其中一个状态为0时，另一个始终为1，或者也可以让两个都为1——你可以进行任何组合。这意味着，计算机在读取一行量子比特的时候会知道两行的内容，因此读取时间缩短了一半，使处理速度变得非常快！

什么是像素

你肯定在计算机、手机和其他电子产品中看到过像素（图像元素的简称），但是你真的知道像素是什么和它的工作原理吗？像素是数字屏幕上的最小元素，像素的组合形成了图像。

用像素构成图像

像素是有明确的位置和色彩数值的小方格，并且一个像素只能是一种颜色。就像锦砖（马赛克）一样，很多像素聚在一起形成了图像。仅仅几个像素只能形成简单的形状，随着像素数量的增加，图像也变得越发逼真。如果像素数量足够多，无法将它们分辨，我们看到的就是一幅完整的图像。

梦幻的光

人非常容易被欺骗，尤其是被进入我们眼中的东西欺骗。构成图像的像素实际上并不需要我们看到的许多种颜色，它只需3种颜色：红色、绿色和蓝色。就像打印机，只需要用3种颜色的墨水以不同的方式混合就能产生所需的各种不同颜色，像素通过3种基本颜色（红、绿、蓝，称为三基色或三原色）的叠加变化，可以产生令人眼花缭乱的色彩。不同类型的屏幕工作方式略有不同，其中我们最常见的类型之一是液晶显示器（LCD）的屏幕。LCD屏幕上的每个像素由3个分别为红色、绿色和蓝色的子像素构成，每个子像素覆盖着一个彩色滤光片。每个滤光片中的晶体紧密地组合在一起，阻挡了来自子像素的大部分光。但是当电荷通过滤光片的时候，晶体会分散开，从而让更多的光通过。通过仔细控制3个不同的滤光片，就可以产生数百万种颜色，以形成逼真的图像。

分辨率

很多人，尤其是广告商，会告诉你屏幕像素（分辨率）越高越好。即使你不知道分辨率的真正含义，也会知道分辨率的一些数值。计算机屏幕的常见分辨率为1 920像素×1 080像素，这意味着屏幕从左到右有1 920个像素，从上到

下有1 080个像素。有的手机屏幕的分辨率高达1 440像素×2 560像素。值得注意的是，分辨率仅告诉人们给定空间中有多少像素，而不是该空间有多大。因此，一个1 080像素×1 920像素的手机屏幕在相同的空间中将比1 920像素×1 080像素的计算机屏幕有更多的像素，所以手机屏幕图像的质量也更高。

为什么我们无法超越光速

5西格玛是什么

$$y^{(n)} = (-1)^n \frac{n! a}{x^{n+1}}$$

$$y = \frac{k}{x}$$

$$(k > 0)$$

$$y = \frac{1}{1+x}$$

$$' = (ax^{-1})' = -ax^{-2} = -\frac{a}{x^2}$$

$$\sqrt[n]{xy}\,'$$

$$y'' = \frac{((1+x)^2)'}{(1+x)^4} = \frac{2(1+x)}{(1+x)^4} = \frac{2}{(1+x)^3}$$

为什么汽车会发出轰鸣声

磁铁的工作原理是什么

为什么有既活又死的猫

为什么热量会上升

为什么我们无法超越光速

光速是宇宙的速度上限。没有什么东西的速度比光速更快（光速通常用"c"表示），它的值为 299 792 458 米/秒。在身上绑多少火箭都没有用，你永远无法达到光速。这是因为随着速度越来越快，物体也会越来越重。

一切归因于惯性

对任何物体的速度都无法达到光速的解释，依据的是艾萨克·牛顿提出的惯性原理。简单来说，惯性原理指出，如果想让某个物体加速，你需要消耗能量来推动它。这可以用直观的例子解释：如果你想推动桌子上的一块积木，那么你需要消耗能量来使积木移动。如果你要推动的物体变得越来越重，那么你会越来越难推动它，并且需要消耗更多的能量，直到物体重到再也无法被推动。因此，物体越重，加速它就需要越多的能量，我们能推动多重的物体受限于我们可以产生多少能量。

质量随着速度的增加而增加

为什么质量会随着速度的增加而增加呢？这个问题很难回答，因

为涉及复杂的数学运算，但是推理过程可以简化为以下等式：

$$m = m_0 \times \dfrac{1}{\sqrt{1 - \dfrac{v^2}{c^2}}}$$

该等式告诉我们，物体运动时的质量（m）基于其静止质量（m_0）、物体的速度（v）和光速（c）。在日常生活的常态速度下，v比c小得多，所以m和m_0差别不大。只有当v达到c的大约25%（可高达74 948 114米/秒）的时候，v的影响才能显现出来。从此阈值开始，随着v的增加，v^2越来越接近c^2，于是v^2/c^2越来越接近1。因此，与m_0相乘的因子越来越大；当v逼近c的时候，m_0会乘接近无穷大的数字，这也就意味着m将接近无穷大！

因此，如果想让一个物体无限加速，直到超过光速，你需要无穷的能量来加速无限重的物体。这是不可能的，所以光速无法被超越。

科幻小说中的效果

以超高速旅行会产生一些不可思议的事情。不仅是你的体重会增加，如果行进速度非常快的话，你还会被压缩。同时，相对于周围的空间，你所经历的时间会变慢。你可能认为这些奇怪的现象只会在科幻小说中出现，不过，其中的一些场景非常真实，在现实中也需要考虑它们出现的可能性，尤其是对于GPS（全球定位系统）等卫星定位技术和深空探测技术而言。介子是宇宙线在大气中短暂产生的粒子，它以接近光速的速度行进，但它的衰变速度也非常快，所以它永远不会到达地面——唯一的解释是，因为它的行进速度非常快，所经历的时间也就变慢了，即它需要足够长的时间才能接近地面探测器。

为什么有既活又死的猫

你可能听说过"薛定谔的猫"。它被很多人视为一个科学界的笑话，并被普遍引用（或滥用）。猫怎么能既活着又死掉了呢？但是这个故事十分重要，相关的解释很复杂，并涉及量子论：它阐释了宇宙的千奇百怪之处。

"臭名昭著"的猫

有些人可能没有听说过这个故事，所以下面简单介绍一下。薛定谔的猫是一个思想实验，最早由埃尔温·薛定谔在1935年发表的一篇论文中提出，他的表述是这样的：

"一只猫还有一件设备（必须确保该设备不受到猫的干扰）被锁在一个密闭的容器里。在一个盖革计数器中有非常少的放射性物质镭，数量少到可能在一小时内就发生原子衰变，但不发生衰变的概率与发生衰变的概率相等。如果发生原子衰变，计数器的管子内会产生电，继而触动设备中的锤子，锤子会打碎一小瓶氰化物，猫就会中毒而亡。如原子没有发生衰变，那么可以说猫还活着。在密闭容器中，活猫与死猫（抱歉用这个描述）的状态相叠加，或者说猫既死又活，这样整个系统就构成了波函数。"

这个思想实验是

说，你把猫放在一个装有毒性物质的密闭容器中，就有一半的随机概率杀死猫，且随机性完全不可知。然后，由量子力学的理论可预测猫既死又活（或者可能是生死叠加态），直到你打开容器看到里面的具体情况，才能确定是其中的哪一种状态。

既活又死

薛定谔提出这个实验是为了说明量子力学的荒谬性。实际上它是薛定谔基于一些人对量子力学的理解构设出的极端而荒谬的实验。它源于量子力学拥护者对观察的认识。量子力学的拥护者认为，观察某物的行为会以某种方式改变该物。具体来说，观察将导致"波函数坍缩"。任何简单的系统都可以写成一种数学方程（被称为波函数）。而方程可能会根据你赋予未知数的不同数值得出不同的结果。在量子力学中，直到你观察到系统本身，才算真正赋了值，因此，在此之前，方程并没有准确的结果，只有所有可能结果的混合。

为什么选一只猫

如果你没法理解上述解释，别担心，因为量子力学并不简单，而且通常不遵循逻辑，即使最优秀的科学家也要绞尽脑汁。正因为如此，才出现了"薛定谔的猫"，它把一个需要花费数年时间才能彻底理解的复杂数学思想通过一个简单得多的例子来解释。它也许是个令人难以置信的疯狂想法，但它解释了量子力学的思想。

世界上最著名的方程是哪个

如果世界上有"名人方程"评选，那榜首一定非 $E=mc^2$（称为爱因斯坦质能方程）莫属。它最初由阿尔伯特·爱因斯坦于1905年提出。这个方程如今已经是最知名的科学成就之一。该方程很重要，因为它证明了质能等价性。

物质即能量

一般来说，所有物体都是由原子组成的，但是如果从更基本的角度看，似乎可以将宇宙中的一切分为两类：物质和能量。

所有分子、原子、亚原子和基本粒子都是物质。你可能认为物质是实体的、有形的、可以用某种方式"握住"的东西，并认为所有物质都有质量；而所有的光、热、电等都是能量。宇宙中的所有物体都是非此即彼。方程 $E=mc^2$ 表明，能量和物质只是同一事物的不同形式，并且可以互相转化。这一点非常重要，因为它意味着宇宙中的一切都是一种物质的不同形式。

这一认识会引出一些奇奇怪怪的结论：比如，你有两个发条闹钟，构成它们的原子都是一模一样的，只是其中一个上了发条并在运转，那么这个闹钟的质量将比另一个大。这是因为，弹簧中存储的能量、指针中存储的能量甚至闹钟内部产生的能量都会使整个闹钟增加一点质量。

对该方程的解释

在爱因斯坦的这个著名方程中，E 是能量，m 是质量，而 c^2 是真空中光速的二次方。这个方程的含义是，物体可以吸收一定的质量（例如1千克）并将其转化为能量。它可以转化的能量等于该质量乘 c^2。c 表示真空中的光速，是 299 792 458（约 3×10^8）米/秒的已知值。因此，忽略单位的话，c^2 大约为 9×10^{16}。这意味着每千克质量可以转换成约10亿亿（1×10^{17}）焦的能量！

方程的应用

在日常生活中，我们无法感知 $E=mc^2$ 对我们的影响，因为 c^2 是如此之大，以至于其他参数的影响微乎其微。不过质能等价性也有一些现实意义和应用。首先它说明了我们无法超越光速的原因。了解了质量与能量之间的关系，科学家才能更好地研究和利用核聚变。由质能等价性可推知，单个原子的质量将小于其各个部分质量的总和，因为原子结合在一起后，质量会转化为结合能。在核反应中，化学键断裂后会释放出能量。缺失的质量还可以解释原子甚至更小的粒子表现出的许多不同行为。

> "了解了质量与能量之间的关系，科学家才能更好地研究和利用核聚变。"

为什么汽车会发出轰鸣声

汽车驶过身旁时发出的声音难以被人们忽略，赛车或者响着警笛的车辆发出的声音则更为明显。不仅是汽车，火车、飞机……可以说基本上所有高速行驶的物体，都会发出轰鸣声。为什么会这样呢？其实，这是多普勒效应的结果。

多普勒效应

首先，让我们想象一个静止的物体，它发出的声音可以被视为沿着所有方向传出去的波。假设声音一直持续，当物体移动的时候，声波会出现奇怪的改变，比如，最初发出声波的点发生了移动。这导致了物体其中一侧的声波变短，而另一侧的声波变长。这种声波的长短变化意味着频率发生了改变。如果有物体朝向你移动，随着声波离你越来越近，频率也会变高，音调因而也变得更高；如果物体向着远离你的方向移动，声波越来越长，会使频率降下来，进而使音调变低。从你身旁驶过的汽车的轰鸣声是这样变化的：随着汽车靠近你，音调变高；然后汽车远离你，音调变低。

光的频移

不仅声波会受到多普勒效应的影响，光波也会受到这一效应的影响。朝你移动的物体的光波较短，发出微微的蓝色光；远离你的物体光波较长，会发出微微的红色光。

身边的物理 那些好玩又有趣的物理知识

思维延伸

我们注意到，宇宙中的几乎所有物体都出现了红移，埃德温·哈勃因此提出了宇宙膨胀的想法。他还指出，物体之间相距越远，红移就越大。这些以多普勒效应为理论依据的观察，成了支撑大爆炸理论的基础。

利用红光和蓝光的偏移（分别称为红移和蓝移）是天文学家判断太空中的天体的速度和移动方向的最佳方法之一。例如，我们知道仙女星系正以约40万千米/时的速度朝地球移动，这是因为科学家分析出该星系发出了比预期更多的蓝光。

1千克有多重

第一眼看去，这像是个蠢问题，1千克当然重1千克，你也可以说1千克重2.2磅（1磅≈454克）。然而，这些答案并没有回答出来最初人们如何定义1千克有多重。对这个问题的答案进行简单概括就是，1千克重1千克，但是1千克代表的质量会有所变化。

标准化

在具体研究千克以前，我们先要考虑一下这一概念是如何标准化的。如果你想要用1千克的面粉做一个特别大的蛋糕，那你可以用一个预先计量好的可容纳1千克面粉的袋子来装面粉，或者用秤来称面粉。但是你必须先用1千克的标准来校准你的秤。而校准秤的1千克的标准必然是以其他的测量标准为基础的，依此类推……这意味着一切都要回到最初的1千克是如何规定的。

> ### "1千克重1千克，但是1千克代表的质量会有所变化。"

国际千克原器

1889年，国际千克原器（IPK）定义了1千克有多重。IPK是一个圆柱形铂铱金属块，之后人们将它的复制品发往世界各地，此后所有东西都有了质量测量依据。不过这

里有一个问题。尽管 IPK 是由坚硬的材料制成的，并且保持着非常稳定的状态，但在过去的 100 多年里，它变得越来越重。根据定义，IPK 始终为 1 千克，但将其与复制品进行比较后，人们发现它似乎变重了。因此这意味着，尽管同样是 1 千克，今天的 1 千克的质量要比 100 年前的 1 千克稍大。

现代千克

质量的测量标准一直在改变，这显然不是理想的情况，但这是任何物理物体都存在的缺陷。在 2018 年 11 月，科学家进行了更改，将 1 千克质量的定义与宇宙中的基本定律相关联，而不是与一个金属块相关联（新定义为"对应普朗克常量为 $6.626\,070\,15 \times 10^{-34}$ 焦·秒时的质量单位"）。尽管确切的定义基于复杂的理论方程，但其可以表现为不同的物理形式。质量可以基于一定数量的原子，比如包含确定数量原子的固定大小的硅或碳；另一种方法是

以举起该质量所需的电流大小为定义基础，让质量与电流相关联。

标准化量度

千克绝不是使用宇宙基本定律定义的第一个计量单位，还有其他许多单位都用了类似的办法来定义。

米：光在真空中于 (1/299 792 458) 秒内行进的路径长度为 1 米。

秒：一个铯-133 原子基态的两个超精细结构能级之间跃迁相对应辐射周期的 9 192 631 770 倍所持续的时长为 1 秒。

开［尔文］：水的三相点温度（指水的固、液、气三相平衡共存时的温度）的 1/273.16 为 1 开（2018 年，国际计量大会通过决议，将 1 开定义为"对应玻尔兹曼常量为 $1.380\,649 \times 10^{-23}$ 焦/开的热力学温度"）。

安［培］：将两根平行直导线在真空中相距 1 米远放置，若导线间的相互作用力在每米长度上为 2×10^{-7} 牛，则每根导线中的电流为 1 安［2018 年，国际计量大会通过决议，将 1 安定义为"1 秒内 (1/1.602 176 634) $\times 10^{19}$ 个电荷移动所产生的电流大小"］。

5西格玛是什么

科学的一个困局是，你永远不可能确切地了解某一事物。你的了解永远会有所缺失；或者会有新的观点后来居上；或者由于偶然的契机，事物不会永远如预期那样。因此，如果你对事物的了解并非百分之百确定，就需要一个判断基准——5西格玛。

准确性概率

现代科学的许多研究工作都涉及大量的数据，科学家对数据进行分析，以发现一些真相。但问题在于，很多事物可能会干扰数据，比如温度变化、压力的微小变化、电干扰，甚至设备运行时间的长短，都可能将随机统计误差和干扰信息带到数据中。

5西格玛代表的是给定事物的准确性概率为99.999 94%，也就是说，观测结果中仅有0.000 06%是由随机统计导致的。科学家曾经使用3西格玛（概率为99.73%）标准，但是后来发现有些结果是数据受到干扰所致，因此现在使用更严格的5西格玛。

标准偏差

5西格玛表示某事物比正常值高5个标准偏差，这一标准来自统计建模。大多数实验得出的结果围绕着平均值随机分布。标准偏差代表这些随机结果的分布。在正态分布中，所有结果有68.2%的概率位于1西格玛内，95.4%的概率位于2西格玛内。到5西格玛时，随机结果产生的可能性已经非常小。

$$y' = (ax^{-1})' = -ax^{-2} = -\frac{a}{x^2}$$

$$\sqrt[n]{xy}$$

$$y'' = \frac{((1+x^2)')'}{(1+x)^4} = \frac{2(1+x)}{(1+x)^4}$$

$(k>0)$

宇宙存在多少个维度

第四维度在科幻小说中扮演着重要角色，科学家也经常谈论我们熟知维度以外的其他维度。那么宇宙到底有多少个维度呢？说实话，没有人敢肯定地说自己知道总共存在着多少个维度。

维度是什么

在考虑有多少个维度之前，我们先看看维度到底是什么。最简单的理解方法是将维度视为由坐标构成的事物。我们可以从居住的空间维度开始了解。我们知道空间至少有3个维度，因为存在着上/下、左/右和前/后这些位置坐标。如果你想与某人见面，则需要告诉他你在这3个维度上的位置，还需要让他知道你们在约定地点的见面时间，即除了空间维度，你还需要提供另一个时间维度的信息。因此我们的宇宙具有4个不同的维度：3个空间维度，1个时间维度。

维度计算

从数学角度讲，宇宙可能存在着无数个维度，但是当前我们认为宇宙有4个维度，其中包括我们人类所在的3个空间维度。我们的四维宇宙存在于一个更广阔的五维世界中，依此类推。理论物理学的许多观点，尤其是弦理论，预测至少有10个维度，而玻色弦理论则预测有多达26个不同的维度！

磁铁的工作原理是什么

如果你曾经接触过磁铁，也许会被它无形的魔力所吸引。简单来说，磁铁可以产生磁场，这就是其背后的工作原理。

永磁铁和电磁铁

根据产生磁场方法的不同，磁铁分为永磁铁和电磁铁两种不同的类型。运动着的电子会产生磁场。这意味着一切物体都会产生磁场。但是，在大多数物体中，单个原子形成的磁场的方向是随机分布的，所以这些磁场可以有效地相互抵消。不过在永磁铁中，所有微小磁场都指向同一方向，从而产生了大磁场。磁铁的另一种类型是电磁铁：电流通过导线时会使电子穿过导线，从而产生磁场。

磁场

磁场是物理学中的一个奇怪概念，有一种观点认为它实际上可能并不存在，只是人们将抽象的概念可视化的结果。磁场中分布着磁力

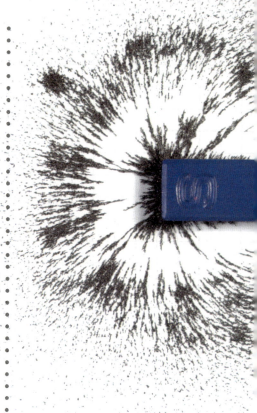

线，它们就像是河水，沿着一个方向流动。磁铁会发出磁力线，磁力线距离磁铁越远，磁场强度也就越弱。在磁铁周围，磁力线永远从正（北）极出来进入负（南）极。如

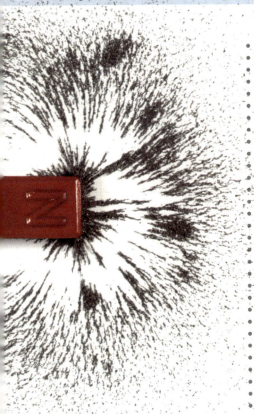

磁铁向内拉。磁场还有另一个有趣的特性：磁力线永不交叉。尝试让磁力线交叉会形成非常大的斥力，进一步增强了磁力线强大的相斥效果。

单极磁体

　　所有磁铁都有北极和南极。如果将一块磁铁切成两半，得到的将是分别具有两极的两块磁铁。为什么没有仅有北极或南极的磁铁呢？为什么我们不能制作出单极磁体？没有人给出确定的答案。实际上，物理学界并没有给出单极磁体不存在的原因。根据现代理论，单极磁体是可以存在的，但是，尽管人们尝试了很多次，也取得了一些初步成果，至今尚未发现或创造出单极磁体。

果你有两块磁铁，尝试将它们的正极放在一起，磁力线所具有的磁力将从两块磁铁内部向外施压，把两块磁铁推开。而两个相反的磁极靠近的时候，磁力会把两块

埃菲尔铁塔顶部的时间比底部的时间过得更快吗

相对论是一个复杂的话题——阿尔伯特·爱因斯坦这位天才提出了这一理论。相对论彻底改变了物理学和我们曾认为我们知道的一切。相对论的成果之一就是它动摇了人们曾坚信不疑的时间不变的观点。那么，根据相对论，埃菲尔铁塔顶部的时间是否确实比底部的时间过得更快呢？

相对论是什么

如果我问你，你的汽车的行驶速度是多少，你也许会觉得问题很简单，但事实并非如此。速度表的读数可能为64千米/时，但这衡量的只是你的汽车相对于地面的运动速度。如果你旁边有辆汽车以48千米/时的速度行驶，那么相对于它而言，你的汽车仅以16千米/时的速度行驶；或者相对于145千米/时的速度行驶的火车，你的汽车实际上以-81千米/时（"-"表示反方向）的速度行驶。

根据相对论的观点，上述这些答案没有哪一个比另一个更加正确——答案都是相对的。你可能会认为，以地球为参照的相对运动速度是"正确的"，但是请不要忘记，地球本身以约10.7万千米/时的速度围绕着太阳公转。那么为什么地球是比太阳更"正确的"参照物呢？

相对论与时间有什么关系

相对论的另一个观点是，光速

身边的物理　那些好玩又有趣的物理知识

永远是不变的，它与你所参照的相对运动无关。想要具体了解这个问题，你可以想象一下火车经过时，有一束光在两面镜子中间来回反射。

如果你就在火车上，你会看到光束以光速来回反射，并需要一定的反射时间。如果你在铁轨旁看着火车经过，你同样会看到光束以光速经过。

实际上，如果你在铁轨旁，你不仅会看到光束来回反射，还会看到光束沿着火车的方向前进，也就是说，你会看到光线在更大的距离上传播。但由于光速始终不变，这只会导致一个结果：你观察到的火车上的时间会变慢。

重力和相对论

相对论带来的另一个难理解的观点：由于空间和时间会被搅在一起形成时空，所以引力对速度也会产生影响，也就是说，引力场也会使时间变慢。

这意味着，相对于外界，生活在地球上的我们经历着恒定的地球引力，它会减慢我们的时间。越往高处，引力越弱，时间也就过得越快。所以，在诸如埃菲尔铁塔顶部这样的高处，时间确实会流逝得更快。一般来说，这样高度处的时间与地面上的时间差异很小，对我们影响不大，但是利用导航卫星之类的东西时我们必须考虑时间变慢的问题，否则它们将无法发挥作用。

72 为什么烤熟的面包无法恢复原样

这或许是我们经常问的问题之一。回答这个问题其实是在探索宇宙的本质：它来自何处、去向何处和它将如何到达目的地。这个问题（你可能不会对它感到惊讶）其实与烘焙本身并没有关系。它实际的答案是，由于熵的存在，烤熟的面包无法还原成最初的样子。

一旦烤熟，永远烤熟

当你烤面包时，会发生很多事情。氨基酸和糖类发生反应，进而又引发了一系列反应。所有这些反应都会让面包的熵增加。由于熵只会增加且不可逆，因此你无法将面包恢复原样。

时间之矢

熵的定义为"不能再被转化做功的能量的度量"。不过对普通读者来说，这一定义无法有效帮助其理解熵的实际含义。熵通常被称为无序度量，它有一个关键特性：总是在增加。请想象一块冰掉进了一锅热水。一开始，冰中的原子是相对有序的——一部分是冷的，另一部分是热的。但是随着时间的流逝，冰中的所有原子的温度变得相同，冰将融化并与锅中的热水混合。冰中的无序性随着时间的流逝而增加了。

熵有时（宏观上）被称为"时

间之矢"，因为它是唯一只能朝一个方向前进并不断增加的事物。在宇宙形成之初，一切都处于接近完美的有序状态。但后来，宇宙变得越来越混乱，无序性在逐步增加，宇宙经历的每一个过程都促进了熵的增加。

有序与复杂性

如果熵只能增加，那么事物的无序性也会随之增加，也就是说，事物会变得越来越混乱，那像恒星、行星和人类这样的有序物体该怎么办呢？实际上，熵的总量一直在增加，并不意味着它在某些地方无法减少，例如，在冰箱中制冰会减少水的熵。在前面的例子中，随着冰和水开始混合，这种混合物会变得越来越复杂，正确定义整个系统也会变得越来越困难，除非所有的冰都变成水。所以，复杂性的增加是熵整体增加中的一部分。从某种意义上说，人类的存在可能受到熵的影响。

"由于熵只能朝一个方向前进，所以你无法逆转其过程。"

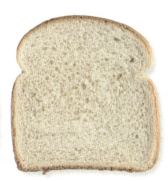

为什么热量会上升

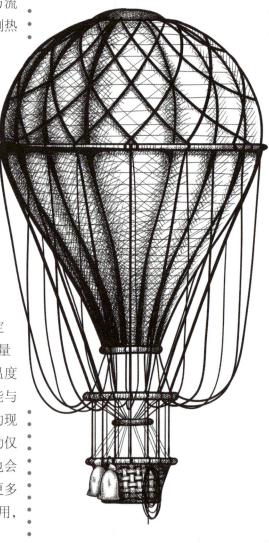

我们经常谈论热量从一个地方流动到另一个地方，也会说到热气的上升，但很少有人仔细想过热量实际上是什么，以及它是如何流动的。热量的流动实际上是一种能量的传递方式。

热量是什么

我们经常谈论热量，总把它当成某种液体来讨论其运动。说到热量，就总离不开温度，而温度是物体的特性。以空气为例，空气中有无数个气体分子，每个气体分子都在运动，而其运动的速度决定了其温度。气体分子具有的能量越多，它的运动速度就越快，温度也就越高。空气分子的运动不能与风相混淆，风是大范围内发生的现象，涉及温度的空气分子的运动仅仅在小范围内发生。分子运动也会在液体和固体中出现，其产生更多是源于振动和分子间的相互作用，而非气体分子的自由运动。

热量如何传递

如果单个分子获得了更多的热量，它的运动速度就会加快，运动的距离也会增大，这意味着它更有可能撞到另一个分子并与该分子相互作用。这样，它将把自身的一些热量转移到另一个分子上，热量于是不断地传递下去。这种相互作用不断地发生，运动的分子从其他高热量分子上获取热量，并将热量传递下去。这就是为什么热量总是从热的地方流向冷的地方。

向上升

热量上升是因为热分子的运动更活跃，要比冷分子更容易将热量发散传播出去。这意味着，热分子的密度比冷分子的密度要低，因而较冷的、密度更高的分子下沉，而热分子上升到冷分子之上。你或许注意到了，被太阳烤得灼热的马路或者散热器的上方总是闪闪发光。这些被加热的表面为周围的空气分子提供了额外的热量，让分子变得更热。分子温度越高，空气越稀薄，密度也就越低，从而导致热量上升。由于热空气越来越稀薄，它所容纳的水分要比周围空气可容纳的水分更少，因此穿过热空气的光线发生扭曲，这为热空气带来了独特的闪光感。

热平衡

如果一个热分子撞到一个冷分子，热分子中的一些热量就会传到冷分子中；如果热分子撞到了更热的分子，就会从中得到一些热量。最终，分子系统中的所有分子具有了完全相同的热量，这就是所说的热平衡。这是热饮会冷却至室温，或者冰激凌会升温到室温的原因：它们的分子都达到了热平衡状态。

泡茶的正确方式是什么

如何泡出一杯醇香的茶是很多人都感兴趣的问题。当然，科学可以给出这一问题的最佳答案。我们必须先假定这杯茶是无糖的，并仅用茶包和少量牛奶制成。

一切都与热量有关

在盲测中，我们已经确切知道热茶的味道更好。因此，现在问题变成：在冲泡之前或冲泡之后加牛奶，会影响茶的最终温度吗？

将茶煮沸，茶水会达到100摄氏度，然后开始冷却。往茶里添加常温的牛奶会让茶水冷却的速度更快。因为温度总会趋向于平衡；也就是说，热的物体会向周围散发热量，直到它与周围环境达到相同温度。热量散发的速度取决于物体与周围环境温度的差异，差异越大，热量散发得就越快。

添加牛奶的时间

在冲泡一杯茶之前先往杯子里面添加牛奶，可以让这杯茶在最开始就冷却下来。但比起冲泡后再添加牛奶，第一种方式在冲泡后的相同时间内，液体冷却得更慢。这意味着，如果在冲泡后再把牛奶加到茶里，茶水会变得更冷，味道也会稍差。（虽然实际的温差只有几摄氏度，并不十分明显，但结论的得出是有科学道理的。）

为什么国际空间站的航天员能飘浮起来

从地球的一个地方穿过地心到另一个地方需要多长时间

引力的速度有多快

船是如何漂浮的

为什么番茄酱很难倒出来

为什么我感受不到空气压在我身上

为什么国际空间站的航天员能飘浮起来

国际空间站（ISS）是一台高于地球表面400千米左右并围绕地球运行的载人航天器。如果你看过航天员在国际空间站中的活动画面，你会注意到他们是飘浮的状态。

引力无处不在

可以通俗地说，地球引力是将我们拉向地面的力。由于国际空间站中的航天员在太空中飘浮，所以很多人认为他们并不受引力的影响，但事实并非如此。引力作为一种力，在任何地方都不会消失，因为它是由宇宙万物产生的。引力无处不在，即使是宇宙中最遥远和最

身边的物理　那些好玩又有趣的物理知识

空旷的地方也会受到引力的影响。不过距离引力源越远的物体，受到的引力就会越弱，实际的引力影响可以忽略不计。但是对于国际空间站而言，情况并非如此。实际上，国际空间站受到的地球引力仍达地球上物体受到的引力的89%，所以飘浮并不是由较小的地球引力导致的。

永远下落，永不着陆

不过，航天员的飘浮状态还是与地球引力有些关系的。地球引力仍然在把国际空间站拉向地面。但是，国际空间站有足够的角动量，所以不会撞击到地面，而是沿着预定的轨道围绕地球运转。实际上，国际空间站一直在下落，这意味着它里面的一切物体和航天员也都在下落，只是它们下落的速度始终相同，所以看起来好像地球引力没有作用于航天员。

宇宙基本相互作用力

宇宙中有4种基本相互作用力（或称基本相互作用）。

强相互作用力： 作用于强子之间的力。

弱相互作用力： 引起某些放射性衰变的力。

电磁相互作用力： 由带电粒子产生的力。

万有引力（简称引力）： 由质量产生的力。

引力是4种力中最弱的一种（这就是为什么你可以在某些情况下摆脱地球的引力跳起来），但是它十分重要，因为它由宇宙万物产生，并且可以作用于大面积的宇宙中！一个物体质量越大，它的引力也就越大，这就是为什么太阳的引力可以让行星保持在轨道上，而你的引力却做不到。但是，引力（像所有其他基本相互作用力一样）的强弱也取决于距离，两个物体越靠近彼此，它们之间的引力也就越大。

船是如何漂浮的

重物沉没，轻物漂浮。从直觉上来判断，这句话很有道理。但是，船一般又大又重，也能很好地漂浮在水面，所以这句话还需要细细推敲。实际上，由于浮力的作用，所以船可以漂浮起来。

漂浮的船

人们利用了浮力来让船漂浮。如果一个物体完全浸没在水里，物体排开的水的体积就等于物体自身的体积。但是，当船被放置在水面并浸入水中时，水的浮力会让船的重量（这里的重量是对物体所受重力大小的度量）减小，减小的程度由船体浸入水中的体积和水的密度决定。大型船体可以在水上航行，是因为它经过了专门的设计，船体排开的水的体积足以让浮力等于船所受的重力大小。这意味着，船总体上没有向上或向下的合力，因此可以漂浮着。

浮力

重力将物体向下拉，密度较高的物体会沉到密度较低的物体下。这就是将石头投入水中，石头会沉没的原因。但是还有一种反作用力来自水本身，这种力被称为浮力，它是由物体排开的水产生的。你可能已经从阿基米德的故事中听说了浮力。他在刚进入浴缸准备洗澡的时候，水从浴缸中溢了出来。后续的故事是，阿基米德利用这一原理计算出了王冠的密度。这是因为，当你把一个物体沉没在装满水的容器中时，一部分水会从容器中流出，而流出来的水量取决于物体的体积（可以结合该物体的质量来计算它的密度）。同时，水的排出会产生向上托起的作用力，这种力被称为浮力。

为什么可以用锤子将钉子锤进木头中, 但不能用手把它推进去

想象一下,你正在做一个木头架子或者做其他木工活儿,需要往木头里面钉入一些钉子,你能借助的只有自己双手的力量。那么为什么用锤子才能把钉子锤进木头里,而只用手往里推钉子的话,最多只能在木头上留下印记呢? 这一切都归因于冲量。

冲量

对一个物体施加力,力的作用效果会受到所施加力的持续时间的影响。冲量是力对持续时间的积分,它只和时间与力有关。如果施加给物体的力持续时间较短,那么冲量较小,力的作用效果就更明显。这就是为什么我们有时候猛推一个物体,会使它在骤然移动一下后又骤然停下来。因此,我们用锤子来敲打钉子而不是尝试推钉子,可以对钉子产生更大的合力。

力矩

锤子还利用了物理学的另一个概念来帮助增加力。你可能已经注意到了,抓住锤子手柄的末端,敲击钉子时会更加容易将其敲进木头里。这是利用了力对物体作用时所产生的转动效应(也就是力矩)。力矩的计算公式为力的大小 × 转轴到着力点(力的作用点)的距离(即力臂)。在挥动锤子的时候,锤子在手中做循环往复的弧线运动,锤子的头部(可视为着力点)与手掌(可视为转轴)保持着一定的距离,握住手柄的位置越靠近手柄末端,转轴到锤子头部,也就是着力点的距离就越远,所产生的力矩就越大。

从高楼掉下的硬币真的能砸死人吗

引力让物体相互吸引，并使其加速运动。有这样一个说法：如果从足够高的地方掉落硬币之类的硬物，它在下落过程中会加速到一定程度，到达地面时足以砸死站在下面的人。事实上，虽然硬币掉落的速度可能会很快，但是其终端速度决定了它无法砸死人。

加速

地球引力是将物体拉向地面的加速力，即它会使坠落的物体加速下落，物体获得的这一加速度称为重力加速度，其大小约为10米/秒²，这意味着坠落物体的速度每秒将增加10米。因此，物体坠落1秒后，将以10米/秒的速度下落，2秒后将以20米/秒的速度下落，依此类推。假设有一枚硬币从高度为366米的大厦顶部坠落，需要不到9秒才能完全落到地面，而当它到达地面时，速度大约为85米/秒，即约306千米/时！

空气阻力

然而，引力并不是作用于坠落物体的唯一力。当物体坠落时，它将撞击到大量的空气分子，也就是

身边的物理 那些好玩又有趣的物理知识

遇到空气阻力，从而降低加速度。空气阻力起到平衡引力的作用。随着硬币坠落速度的加快，空气阻力也会增加，直到与引力相平衡。最终，硬币将达到其最大速度，即所谓终端速度。由于硬币很轻，它坠落时会发生翻转，这就形成了更大的空气阻力。这意味着硬币的终端速度很小，仅约121千米/时。因此，如果一枚硬币砸到你的头上，你可能会受伤，但不会丧命。

一个物体质量越大，它的动量就越大，因此，如果两个物体以相同的速度坠落，质量越大的物体危险性就越大。质量越大的物体更容易直线坠落，从而减小了额外的空气阻力，坠落速度也就更快。诸如螺母和螺栓等从脚手架上掉下来的物体是很危险的，所以建筑工人佩戴安全帽来保护自己。

跌落的猫

众所周知，猫经常会从很高的地方跳下来却毫发无损。它实际上利用了终端速度来实现这一点。当猫从高空中落下时，它会舒展开身体前侧让身体打开。这一动作增加了身体的表面积，从而增大了空气阻力，使坠落的终端速度降低到不会致命的程度。但这里有个小问题，那就是猫需要爬到一定的高度，才能有时间在空中翻转和平伸身体，这意味着从低处跌落的猫的死亡概率大于从高处跌落的猫。曾有报道说，猫从高达26层的地方跌落仍能安然无恙！

树叶为何能让火车停止运行

如果你购买了火车票后被告知火车停运，那你一定会很沮丧。更令人沮丧的是，火车停运的原因是轨道上的树叶。尽管这个原因听起来像在开玩笑，但在实际生活中，由于摩擦力的作用，树叶真有可能会变得非常危险。

摩擦力

摩擦力是任意两个物体相接触并存在正压力时产生的阻碍两物体相对运动或相对运动趋势的力。如果你尝试让一个物体在另一个物体上滑动，前者最终会停下来，这就是摩擦力导致的。摩擦力小意味着两个物体可以更容易地进行相对运动。摩擦力对于运动而言非常重要，比如脚和地面间的摩擦力让你可以在地面上轻松行走。如果你曾经遇到在冰面或者雪面上走路时打滑的情况，就知道缺乏摩擦力是一件棘手的事情。

轨道上的树叶

火车轨道和车轮间的摩擦力很小，所以火车可以沿着轨道轻松行进（如果摩擦力过大，就需要更多的燃料来推动火车）。因为火车必须要能随时安全停车，所以轨道与车轮之间的摩擦力并不是特别小。当树叶落下，特别是湿树叶打湿轨道的时候，经过的火车会使树叶吸附在轨道上，树叶又被车轮碾压成糊状，形成一层光滑、油腻的物质，覆盖在轨道上。这种情况非常危险，因为它会让火车减速和停止变得更为困难。为了避免这一问题，火车不得不更慢、更谨慎地行驶，从而导致晚点甚至停运。

引力的速度有多快

引力每时每刻、无处不在地拉动着我们，影响着我们，这是否意味着引力需要一定的行进时间，就像光或物质一样？人们最初认为引力作用是即时的，但最终发现引力用一种波的形式以光速传播。

传播时间

如果太阳突然消失了，那么在地球上的我们需要大约8分钟后才能看到这个情况，也就是说光波传播到地球需要一定的时间。其他电磁波和引力波就像光波一样，传播也需要时间。另外，所有物体的运动速度都不会超过光速。

极超新星

引力波的传播需要时间，这一事实造成的最奇怪的现象之一就是极超新星。极超新星形成于一颗质量巨大的恒星死亡时，恒星的中心坍缩变成黑洞。但是，由于坍缩的影响需要一定的时间才能传到恒星外部，在短时间内，恒星看上去好像什么事情都没发生一样继续发光。随后，恒星外部受到坍缩的影响，被拖入黑洞中，发出令人难以置信的亮光。

正如爱因斯坦最初预测的那样，引力以引力波的形式传播。当具有质量的物体运动的时候，会产生扭曲时空的波浪，就如海洋中的波浪那般。但是因为引力是比较弱的力，所以只有在例如中子星碰撞这样的大型事件中，人们才能探测到引力波。

为什么我感受不到空气压在我身上

你也许一直在思考这个问题：我的头顶上方有很多东西，比如空气、灰尘和水蒸气，但为什么我感觉不到它们呢？确实，我们头顶上方有着数不清的东西，而之所以感觉不到它们，是因为压力处于平衡状态。

1头犀牛，还是5头犀牛

如果你站在一个开放的空间里，空气就会在引力的作用下压到你的身上。每平方米大气层的质量约为10吨，和5头犀牛摞在一起的质量差不多。如果你的头顶上站着5头犀牛，显然你是能感觉到的。但是为什么你感觉不到空气的质量呢？空气是一种流体——它是一种气体，并且是流动的气体，它可以到处流动、改变形状。这意味着，空气沿着各个方向向均匀分布，而并非仅仅在一点垂直向下施压。这就好像是，就算有一头犀牛从上向下压着你，但是另一头犀牛会从下往上推着它，它们的作用力会相互抵消，让你几乎感觉不到任何东西。

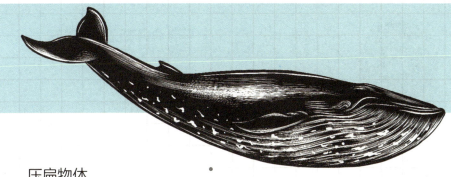

压扁物体

科学实验很容易证明，当这种微妙的平衡被打破的时候会发生什么：如果你将一个塑料瓶抽成真空，塑料瓶就会向内塌陷。塑料瓶塌陷不是因为你在其内部吸塑料瓶，而是由于你抽走了里面的空气，因此压力平衡被打破，于是外部的空气就压扁了塑料瓶。

那水中的压力呢？

我们已经适应了日常生活环境，不必为周围的气压而担心。但是如果我们潜入深水中，就需要特别注意水中的压力。随着我们越潜越深，我们上方的水就会堆积得越来越多，带给我们的压力也越来越大——就像空气的压力一样，但不同之处在于，水中的压力可致命。既然水是流动的液体，那为何会与空气不一样呢？答案就是人类无法适应水中过高的压力。

人体可承受的单位面积（1平方米）的大气压力约为101千帕。

压力之下

许多动物都能适应高压环境。蓝鲸一般在100米以下的海洋中活动，有些企鹅可以下潜至500多米深。潜水设备让人类可以潜入海洋深处，其中一些潜水设备使人类到达了挑战者深渊，也就是地球水圈的已知最深点，其深度约为11 000米。

人的身体能够自然地承受这种级别的压力，但难以适应更高的压力。在我们潜水的时候，压力会随着下潜深度的增加而升高。粗略估计，每下潜10米，单位面积的压力会增加大约101千帕。潜水组织建议，潜水深度不应超过40米，因为在这个深度以下，单位面积的水的压力会达到500千帕以上，这对人类来说是危险的。

为什么在珠穆朗玛峰顶煮开咖啡会更快

爬到珠穆朗玛峰顶煮一杯咖啡并非好主意，因为你需要艰难地登山，并应对大雪与强风。但是如果攀登到了峰顶，你会注意到那里把水煮沸所需的时间比平地上要短得多。这是因为峰顶的气压较低。

沸点

我们都知道，水在100摄氏度时沸腾，但这实际上仅指的是海平面位置或者正常大气条件下的温度。随着高度的增加，气压会下降，水的沸点也随之下降。在珠穆朗玛峰8 848.86米的峰顶，气压会下降到仅约30千帕（从标准的101千帕下降到这一水平），这意味着水可以在约70摄氏度时沸腾。

并非上佳之选

沸腾是液体转化为气体的过程，当液体的蒸气压（随着温度的升高而升高）等于周围气压的时候，液体就会沸腾。这就是为什么在山上的时候，水的沸点较低。这也意味着，你所煮出来的咖啡仅约70摄氏度。由于沸点较低，你需要将咖啡煮更久。因此，如果你确实想好好喝一杯咖啡，那么下山来一杯可能会更省时间。

声音是如何传播的

声音可以从点A（声源）传播到点B（听到声音的地方）。就像光一样，声音也以波的方式传播。而与光不同的是，声音无法自行运动，它需要通过某种介质来传播。

振动

所有的声音都是由振动引起的。在一场演讲中，声音从人的喉咙中发出；在扬声器中，声音因振动的纸盆而发出。但无论声源是什么，声音都始于振动。然后，这种振动会传到它接触的介质上，通常来说介质是空气。靠近振动声源的空气分子也发生振动并开始运动，这些振动的空气分子又引发了邻近空气分子的振动，依此类推，声音在空气中得以传播。声音在液体中的传播方式与在空气中大致相同，即通过液体分子的振动来进行传播。固体中的分子不会到处移动，但是它们仍可以振动。事实上，由于固体分子排列整齐，因此固体最适合传播声音，不过人的耳朵最适应在空气中传播的声音。

在太空中，没人能听到你的尖叫

太空是接近真空的环境，即它内部没有任何东西（或几乎没有任何东西），所以在太空中声音没有可供传播的介质。这其实也许是件好事，因为如果太空可以传播声音的话，太阳将不断发出震耳欲聋的噪声，比我们头顶的雷声还要响。但太空的这种环境也的确意味着，你在电影中看到的所有史诗般的太空战争场景，包括猛烈的撞击、巨大的爆炸，实际上完全不会发出任何声音。

从地球的一个地方穿过地心到另一个地方需要多长时间

假定我们可以在地球的一个地方挖个洞，直穿地心到达另一个地方。出于某种原因，你要从这个洞穿到地球的另一个地方，也确实从另一个地方钻了出来，整个过程将花费大约42分12秒。

穿越地心的旅行

进行这样的计算可能会有些棘手，为了简化计算过程，我们先要假定两个条件——地球是一个完美的等密度球体，并且我们挖的洞中没有空气。当你跳入洞中后就会开始下落，加速度约为10米/秒^2。你的下落速度会非常快，但随着你到达洞中越来越深的地方，地心对你的引力会开始减弱。这也就是说，当你在地球内部的位置越来越深，在你的下方将你向下拉的引力会越来越小，而将你向上推的引力则越来越大——你下落的速度仍然在加快，但加速度会变小。最后，你到达了地心，那里各个方向的引力是均等的，所以你基本上不会受到引

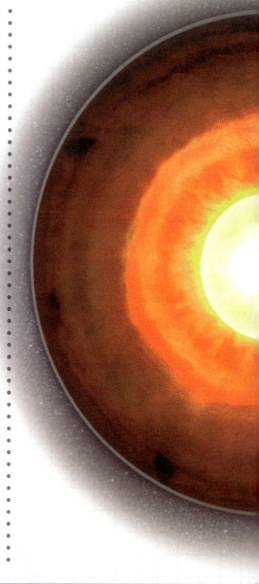

力的影响。但是由于你的下落速度非常快，你将直接穿过地心继续前进。从这时开始，你上方的地球质量大于下方的地球质量，所以将你向上拉的引力会更大，这导致你开始减速。最后，你从洞的另一端钻了出来，此时你的速度将为零。

与距离无关

用一些数学公式可以计算出，由于地球引力的作用，你穿越地心的这场旅行将花费大约42分12秒。然而至关重要的是，得出这个答案的关键是引力，而非距离。

挖洞

值得说明的是，挖这样一个洞的想法并不实际。地球的平均直径约为12 742千米，而人类目前所挖掘的最深的洞是科拉超深钻孔，它也仅仅到达地壳下约12千米。（译者注：目前，我国已制造出最大钻井深度约15千米的"蓝鲸1号"钻井平台。）

为什么番茄酱很难倒出来

如果你曾经尝试从玻璃瓶中倒出番茄酱，你就会知道这并不简单。你可能需要握住瓶子摇晃、拍打，然后瓶口朝下，等待番茄酱流出来。你很可能会把事情搞砸，因为有可能一次性倒出太多的番茄酱，从而毁了你的食物。倒出番茄酱之所以如此困难，是因为番茄酱是非牛顿流体。

非牛顿流体

所有的流体都有被称为"黏度"的属性，它就像流体中的分子相互摩擦时产生的摩擦力。比如水等黏度低的液体可以轻松流动，但是像糖浆一样黏度较高的液体的流动速度要慢得多。

不过，非牛顿流体的黏度并不是固定的，它会受到作用于流体的力的影响。一滴番茄酱的黏度很高——它更像一团软泥而非液体。只有当你给它施加力的时候，它的黏度才会降低，从而易于流动。

最黏的流体之一

沥青（一种常用于铺设路面的材料）是一种黏度极高的流体。1927年，澳大利亚昆士兰大学的托马斯·帕内尔教授进行了一项实验：他把热沥青倒入一个封闭的漏斗中，静置了几年，然后他切开漏斗口，记录下沥青滴液的形成过程。第一次沥青滴液落下用了大约8年的时间，沥青在2013年落下了第9滴。下一次沥青滴落的时间预计是在2028年的某个时候。

为什么耳朵有时会有压迫感

细菌如何移动

为什么生命是碳基的

科学家是如何使用放射性碳测年法的

我吃的食物有辐射吗

为什么水对生命如此重要

细菌如何移动

细菌是很小的生物，以至我们无法用肉眼看到它们。它们所处的世界与人类的迥然不同，并且人类世界的规则与细菌世界的规则也有很多不同。细菌并非像人类一样通过双腿来行动，它们中的大多数具有像发动机一样的鞭毛，这些鞭毛围着它们的身体舞动，使其在自己所处的环境中移动。下面以液体中的细菌为例，讲解细菌是如何移动的。

细菌拖曳力

人类在游泳的时候，手臂和腿在水中滑动，以此产生向前的推动力；而细菌比人体小得多，它们受到周围液体的阻力更大，就好像你试图在糖浆中游泳会受到很大的阻力一样。所以，细菌并非利用鞭毛产生的向前的推动力来移动，而是利用另一种力：拖曳力。

鞭毛的运动机制

构成细菌鞭毛基本的马达蛋白质，接受细胞内信号后决定鞭毛的旋转方式。当鞭毛顺时针旋转时，细菌做翻跟头状的运动；当鞭毛逆时针旋转时，细菌基本呈直线运动。

但是，上述运动过程并非完美——由于液体是随机流动的，因此细菌也会随着液体移动。不过，鞭毛不断地旋转意味着细菌可以向着所选择的方向运动。因此，尽管会花上一些时间，但是细菌最终仍可以到达想去的地方。

为什么红细胞的形状至关重要

红细胞在人体中发挥着至关重要的作用：它们将氧气从肺运输到身体的其他地方。红细胞包括形状在内的各种细节特征都尤为适合这项工作。它们的独特形状让气体可以在人体内更快地被运输。

双凹结构

红细胞的形状被称为"双凹圆盘"，也就是说，它们的中心是向下凹陷的——有点像环形的甜甜圈，只是多了覆盖中心孔的薄膜。这种形状很有用，因为比起普通的圆盘形状，双凹圆盘让细胞有了更大的表面积，而表面积越大，吸收和释放气体就越容易。

表面积

不仅红细胞具有可以增加表面积的特殊形状，人体的肺也是如此。肺就像大袋子，里面充满了肺泡，而肺泡是充满空气的空心小球，且像葡萄粒一样聚集在一起。肺泡让肺的表面积增加了许多倍，从而提高了呼吸时肺吸收氧气的效率。

科学家是如何使用放射性碳测年法的

参观博物馆时，你可能会看到陈列的化石，展牌上写着它的形成年代，比如800万年以前。它的年龄可能是通过放射性鉴年法确定的。放射性碳测年法是放射性鉴年法的一种，这种方法通过碳的放射性衰变来确定样本的年龄。

放射性碳测年法

每个生物体内都含有一些碳-14元素。我们呼吸时，碳-14随着空气进入体内。生物体吸收和消耗碳-14的速率大致相同，所以生物体内的碳-14保持着大致相同的总量，但是生物体死亡后，会停止吸收更多的碳-14。

碳-14具有放射性。放射性物质会随着时间而衰减；由于半衰期的存在，放射性物质的衰减速率是恒定的。科学家可以利用碳-14的半衰期来测定生物体死了多久。具体方法：科学家通过对样本和同种活着的生物体进行碳-14含量的对比，来确定样本的死亡时间。如果样本所含的碳-14是活着的生物体的一半，那么样本大约死于5 730年以前；如果碳-14含量仅有活着的生物体的1/4，那么死亡时间大约是11 460年前；如果是活着的生物体的1/8，那么样本大约死于17 190年前；依此类推。

超越放射性碳测年法的技术

放射性碳测年法能够测定的年份相当有限。碳-14的半衰期相对短，因此只能有效地测定距今一

定时间长度的年份。如果样本有超过 60 000 年（一说超过 50 000 年）之久，或者超过碳-14 的 9 个半衰期，样本中碳-14 的含量就会非常少，难以被检测到。幸运的是，岩石和其他物质中具有很多其他的放射性元素，可以用来推定化石等物体的形成时间。不同放射性元素半衰期的不同意味着它们在检测中有不同的用途。

元素的半衰期越长，可以测定的年份距今就越久远（有些元素的同位素，比如钍-232 和钐-147，有比宇宙年龄还要长的半衰期），

检验艺术品

你可能会认为，放射性鉴年法只能用于确定化石的形成年代，实际上它也可以用来检验艺术品！在 1945 年至 1963 年之间，世界各地进行了很多核试验。这些核试验造成的结果之一是，1963 年以后制造的很多东西要比过去制造的东西含有更多的放射性物质，其中的一个例子就是用于绘画的黏合剂。1963 年以后创作的所有画作都含有更多的放射性物质，这可以帮助人们识别一幅画到底是 1963 年之前创作的，还是之后创作的。

但其精度就会越低。放射性碳测年法可以将时间误差控制在几十年内。另外，钐-钕年代测定法测定的准确性高，且钐-147 的半衰期长达 1.06×10^{11} 年。因此，生物考古学家必须根据样本的大致年龄，混合使用不同类型的放射性鉴年法，并在其他技术的辅助下尝试确定该样本的大致年龄。

为什么耳朵有时会有压迫感

你可能曾经有过这种经历，也许是在飞机上，或者是在过隧道时，抑或是在爬山途中，突然间你的耳朵产生一阵压迫感。这种感觉很奇怪，你或许想知道这种压迫感到底是什么和为什么只在某些情况下产生。耳内压迫感是内耳道与外部环境的压力平衡被打破导致的。

一切皆因压力

耳朵是一个复杂的系统，其中有许多的工作部件。中耳有一个区域被称为咽鼓管，它像是一条运河，连接着鼻咽部和鼓室。咽鼓管内充满空气，其中的气压与外界的正常气压相同。通常，咽鼓管保持着封闭的状态。在坐飞机或是过隧道时，外部环境的气压会发生变化，一般来说气压会降低，即意味着内耳的气压要高于外部环境的

气压，于是咽鼓管中的空气流向耳朵的其他部位，你的耳朵就会感到不舒服并影响听力。

压迫感

为了让耳朵内外的气压平衡，咽鼓管需要打开以让空气流出。这一过程进行得很快，也就造成了耳朵有压迫感。咽鼓管打开可以自然发生，也会由于打哈欠或吞咽等动作而诱发。当你感冒时，如果咽鼓管因为肿胀或有液体而阻塞，那么耳朵内外气压的不平衡则会引起头晕和耳鸣等症状。

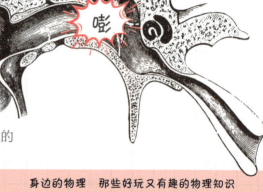

为什么在病人做X射线检查的时候，医生要离开房间

X射线检查是无须开刀就能检查身体内部的一种手段，在现代医学中非常有用。不过，当病人做X射线检查的时候，医生会离开房间。这种行为可能会让病人有些担心，不过医生离开房间仅仅是为了减少自己接受的辐射剂量。

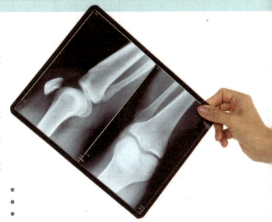

什么是X射线

X射线是一种高频率的电磁辐射（光也是），能够穿过诸如皮肤和肌肉等身体组织，但是会被人体更致密的骨头吸收。医生将一种X射线专用感光胶片放在进行X射线检查者的身后，然后用X射线（辐射）短暂地照射检查者。骨头可以吸收X射线，但当X射线穿过没有骨头的人体部位，它们会撞击到感光胶片上使感光胶片变色，这样就拍摄出了人体内部的照片，让医生无须开刀，就能检查骨头是否有断裂等情况。

暴露等级

X射线是一种辐射形式，在适度剂量下是绝对安全的。每进行一次X射线检查所受到的辐射剂量等于你在普通环境下几天内接受的正常背景辐射的剂量。

但是，为病人进行X射线检查的医生（通常为放射科医生）可能在一年内需要重复使用X射线数千次。只有当一个人在连续数年间，以每年数千次的频率暴露在超过普通等级的辐射中时，一次正常的X射线检查才可能对健康造成危害。医生在病人进行X射线检查时离开房间，可以在其整个职业生涯期间减少辐射量，让辐射量保持在安全水平。

为什么大部分植物是绿色的

大自然给予了我们各种神奇的馈赠，遍布在我们四周：青草、树木和其他各种植物。全世界的植物种类众多，但它们大部分有着一个共同的元素：绿叶。大部分植物是绿色的，因为太阳是绿色的。

绿色的太阳

你可能没有想到太阳是绿色的。就像其他恒星一样，太阳会发射出许多种颜色的光。而太阳光看起来是白色的，因为它是所有颜色的光的混合。实际上，太阳的光谱，峰值波长出现在绿色波段附近，所以我们说太阳是绿色的。不过我们所看到的太阳似乎不是绿色的，这是因为光线在到达我们的眼睛前穿过了大气层，发生了散射。

光合作用

大部分叶子是绿色的，因为其含有的叶绿素是绿色的，可以吸收阳光以让植物获得光合作用所需的能量（光合作用是植物产生营养物质的方式）。那么问题来了：为什么叶绿素是绿色的？有些人认为，绿叶可以充分地吸收太阳的绿光。但是，如果树叶是绿色的，实际上说明它们吸收了除绿光以外的其他一切光，因此绿色成了唯一反射到我们眼中的颜色。并且，如果树叶尽可能地吸收了所有太阳光，那么它们应该呈现为黑色。尽管世界上有一些黑色的植物，但是它们与这种情况相去甚远。事实是，我们目前还并不完全清楚为什么大部分植物是绿色的，不过主导理论认为，树叶尽可能地吸收了绿光以外的所有太阳光；因为一旦树叶吸收了绿光，它们会升温并引发对自身的伤害。绿色的树叶可以安全地将绿光反射出去。

为什么水对生命如此重要

每个生命都需要水：从微小的阿米巴原虫到庞大的大象，还有体积介于二者之间的所有生物，都需要水。其原因是，水分子能够分解生物所需的许多不同的化学物质。

"化学剪刀"

水分子由两个氢原子和一个氧原子构成，3个原子组成了三角形的结构。其中，氧原子更大，周围有更多电子，位于"三角形"的顶端；两个氢原子分列下端左右侧。这意味着水分子的顶端带有更多的负电荷，下端带有更多的正电荷。水分子的这种带电状态使其成为理想的"化学剪刀"，能够为分解其他分子提供强大的力。这意味着，水能够将许多化学物质溶解为生命体所需的基本成分，支持生命体内部的正常运转。

其他用途

水的这种分解化学物质以将营养成分带到体内各个部位的能力极为重要，但这并非生命体需要水的唯一原因。从光合作用到呼吸，水在生命体的许多运转环节处于核心位置。水可以帮助清除体内毒素；没有水，生命体会干涸，也就无法吸收所需的营养，即会死亡。因此，水对每个生命体都是至关重要的。水还形成了被称为"氢键"的化学键，氢键是水具有很多有益特性的重要原因。比如，氢键使湖泊从上向下冻结，在寒冷的季节为湖底生活的鱼类提供了安全的生存空间。

我吃的食物有辐射吗

辐射似乎听起来很可怕，但实际上，辐射也是杀死有害微生物以确保食物安全的好方法，还是世界的自然组成部分。即便如此，你可能也会担心自己吃到有辐射的食物。不过请放心，你所吃的食物具有的辐射量微乎其微。

辐射量

辐射量可以通过几种方法进行测量，其国际单位制单位是希沃特（Sv），简称希。身体的不同部位吸收的辐射量是不同的，并且会随着时间而自然减少。如果你仅从X射线中吸收了5微希的辐射，并不意味着这些辐射会永远待在你的体内。我们周围的环境中有很多辐射，但我们每日接受的辐射量十分小。

为什么有的食物会带辐射

食物带辐射有两种可能的原因。第一种，食品公司特意通过辐射的方式对食物进行照射。他们所采用的辐射量非常小，可以用来对食物进行灭菌。公司谨慎地控制辐射量，让辐射在不伤害食物的基础上杀死微生物和其他有害物质。第二种，由于许多食物所含的化学物质具有放射性，因此，它们可能天生就带辐射。众所周知，香蕉中含有钾-40，这是香

蕉辐射的来源，不过一根香蕉的辐射剂量仅为 0.1 微希，约占人体每日接受辐射量的 10%。你只有在几天内吃掉 3 500 万根香蕉，才可能死于香蕉引起的辐射中毒。诸如土豆、坚果和豆类的其他食物也含有少量的辐射。

辐射对人体的影响

如果要吸收到足以伤害人体的辐射量，你要么是在核爆炸现场的附近，要么是靠近核电站的反应堆。这些环境中的辐射量足以快速致命。让人感到最可怕的事情之一是，你无法看到、闻到或感觉到辐射，不过很多受到过辐射的人说，当时他们的嘴里有奇怪的金属味。

如果一个人暴露于 1~2 希的辐射下，这个人会出现轻度头痛，并变得非常虚弱和疲倦。尽管这种感觉会很快消失，但长期来说，他们患白血病等癌症的概率将会大大增加。

暴露于 3~4 希的辐射环境时，这个人会感到非常不适并变得昏昏欲睡。他的头发开始脱落，免疫系统也会受损。如果不进行治疗，他将在不到一个月的时间内死亡。

暴露于超过 6 希的辐射环境，暴露者会极度不适、出现癫痫和呕吐症状，就算接受了悉心治疗，最终还是会在几天内死亡。

由于辐射带来的疾病与后果如此致命，因此任何类型的辐射源头都受到严格控制。在制造业中，食品业是在辐射等级上被监管得最严格的行业之一。

为什么生命是碳基的

地球上的所有生命都是碳基生命，也就是说，构成生命基础的化学物质是碳。磷和氮等元素则依附于碳，碳是支撑它们的关键要素。这一切是由碳的特殊属性决定的。

为什么是碳

首先，地球上的碳非常丰富，因此单个碳可以与周围的碳形成复杂的结构。其次，碳是一种灵活性很强的元素。它的外层有4个电子，可以形成4个不同的化学键，即碳可以与其他元素结合形成很多不同的形状。更重要的是，碳可以形成烃。烃是仅由碳和氢组成的有机化合物，它非常长，所以是形成复杂分子的完美基础。由于碳有不同的化学键，它能够轻松地与其他对生命十分重要的化学物质（如氧、氮、磷和硫）键合形成蛋白质，并继而形成DNA，此后，生命也就诞生了。

非碳基生命

目前科学家还尚未完全明确，为什么地球上的生命只能以碳基的形式存在。天体生物学家一直在研究极端特殊生物，并探索系外行星，期望找到宇宙中可能存在的外星生命。科学家们早就假设了硅基生命的存在，这是因为硅具有与碳一样的四键结构，不过宇宙中也可能存在着基于其他元素的生命体。一些科学家认为，在不同的环境中，生命的构成可能以硫、硼或甚至各种金属元素为基础，这些元素也许能形成我们在有机生命体中所看到的结构。但就算存在着外星生命，也并不意味着它们与我们在地球上看到的生命一样。外星生命可能完全不同于地球生命，甚至远远超出了我们的想象极限。

万物如何诞生

什么是反物质

一根绳子有多长

光是一种粒子还是一种波

万物是由什么组成的

可以点石成金的"贤者之石"存在吗

万物是由什么组成的

万物基本上都由原子组成。从星系到动物，甚至再到我们人类自身，从最基本的层面来说，这些都是由原子组成的。不过，又是什么组成了原子呢？原子由中子、质子和电子组成。

原子内部

在面对原子大小的粒子时，我们需要考虑采用不一样的研究办法。你可能看到过，有的人将颜色不同的球堆积在一起，用来代表原子，但这种做法并不是完全正确

的。原子的组成方式与我们通过传统思维得出的物质组成方式并不一样；实际上，科学家们倾向于将中子、质子和电子视为物质组。质子的质量（相对质量，下同）为1，电荷为+1；中子的质量为1，不带电荷；而电子的质量为0（电子实际上有质量，但小到可以被忽略），电荷为-1。

原子中有一个原子核，它由质子和中子组成。质子和中子靠强大的核力聚集在一起，但这种力仅在原子体积大小的范围内起作用。质子具有正电荷，就像磁铁的磁极一样，质子之间会彼此排斥。因此，中子可以帮助质子间彼此分隔，并充当质子间的缓冲剂，这样一来，中子就有利于维持原子核的稳定。质子和中子的大小相当，而电子要比二者小得多。电子带有负电荷，而原子核中的质子都带正电荷，因此原子核也带有正电荷。像磁铁一样，带相反电荷的物质相互吸引，所以电子围绕着原子核旋转。

原子的不同种类

就一种元素而言，其单个原子的原子核所具有的质子数决定了该元素的种类。但是，同一元素可以具有不同数量的中子和电子，这两种情况分别构成了同位素和离子。

同位素的种类由一个原子核中的中子数决定。任何元素的同位素都有多种可能。原子核越大，元素就可能具有越多不同的同位素。

带负电荷的电子可能多于或少于带正电荷的质子，这种带电粒子被称为**离子**。因此，离子带什么样的电荷取决于其电子数与质子数之差。

原子内的质子、中子和电子的数量决定了其性质，而不同的原子凭借其不同性质，形成了我们在宇宙中看到的各种各样的东西。

物质的最小粒子

电子本身不能再分，而质子和中子则是由更小的粒子，即夸克组成的。人们对夸克的了解尚不充分，但知道它有6种不同的类型：u（上）、d（下）、t（顶）、b（底）、s（奇异）和c（粲）。中子由两个d夸克和一个u夸克组成，而质子由两个u夸克和一个d夸克组成。其他类型的夸克组成了更多的奇异粒子，比如介子。通过性质来描述和定义夸克是最好的办法。u夸克带有2/3正电荷，d夸克带有1/3负电荷，这解释了为何质子和中子分别带有+1和0电荷。

夸克靠强大的核力聚集在一起，我们似乎很难得到一个单独的夸克。当科学家试图分离2个夸克的时候，所需的力量会让它们产生2个新的夸克，从而把原本的2个夸克变为了4个夸克。目前我们尚不清楚是否有比夸克还小的粒子。

可以点石成金的"贤者之石"存在吗

所有时代的炼金术士，甚至包括艾萨克·牛顿等杰出的物理学家，都在寻找传说中的"贤者之石"。"贤者之石"是人们想象出来的可以将普通的金属变为黄金的东西，能够给人带来巨大的财富。从理论上来说，采用现代技术可以把其他元素变为金。

制金

元素由原子组成，原子中的质子数决定了元素的种类。金元素含79个质子，依据上述观点，如果我们要把另一种元素变为金，应该增加或减少这种元素中的质子，直到其质子数达到79。

从原子中去除质子几乎是不可能的，而增加原子中的质子数也并非易事。往氢原子中添加质子（称为聚变）需要高达数百万摄氏度的温度和巨大的压力，类似于恒星中心的压力。就连（略微）简单的方法——让大的原子互相撞击以增加质子——也需要尖端巨型设备。

含78个质子的元素可以更容易、更低成本地转化为金，不过最大的问题是，含78个质子的元素是价值更高的铂。因此，尽管从理论上来说将铂变为金是可行的，而人们也曾成功地证明了这一点，但是没人会长时间费力地把铂变成金，因为铂更为贵重，并且这一过程非常耗时。

巨型原子

那么，增加质子数这一技术的用途是什么呢？科学家利用增加质子的技术来创造和研究自然界中找不到的元素。尽管创造出的有些元素仅能保持几分之一秒的稳定，但对它们的研究可以让科学家了解更多关于原子工作原理的知识。目前，氜（Oganesson）是质子数最多的元素，其质子数为118。它最初于2006年（一说2005年）在俄罗斯杜布纳联合核子研究所被创造出来，并以尤里·奥加涅相的名字命名，这位科学家在创造该元素的过程中发挥了主导作用。

你可以触碰到
所有物体吗

我们一直在和其他物体发生触碰，比如，你现在就在触碰这本书！但触碰到一个物体的真实含义到底是什么呢？其实，触碰的不同定义会带来不同的理解：你可能无法触碰到任何物体，也可能正在触碰着所有物体。

什么也触碰不到

我们是否能够触碰到物体？这个问题的答案涉及诸多细节，取决于我们对"触碰"的定义。传统意义上我们可以认为，"触碰"指的是两个物体之间没有任何的空间，就像一个杯子放在桌子上那样。但当我们仔细观察它们的时候，会发现触碰并不如我们想的那么简单。

我们的身体永远不会紧贴在某处：无论你是坐在椅子上，还是在地面上行走，你和支撑你的物体表面之间总会留有一些空间。当把这些空间放大到足够看清楚的程度时，你可以看到，两个看似触碰在一起的物体的表面在电子的相斥电磁力的作用下被分开了。这种空间存在于万物之中，即便是原子内部也是

如此。所以在这种情境下定义"触碰"，我们无法触碰到任何东西。

触碰到所有物体

认为我们触碰不到任何物体的观点显得有些荒谬，因为很显然，我们在现实生活中可以感受到自己与其他物体的接触。因此，我们也可以将"触碰"定义为物体直接、相互的接触。就算一个物体表面的电子与另一个物体表面的电子发生相互排斥，我们也可以说二者相互触碰。但这就导致了另一个问题：引力和电磁力会随着物体之间距离的增加而减弱，这意味着宇宙中的每个原子都以某种方式与其他原子相互作用。很多科学家指出，只有当物体的相互接触达到一定强度，并且它们的距离足够近时，才可以认为二者相互触碰。但这样的规定又带有主观性。所以，从某种意义上说，我们随时随地在与其他物体发生触碰。

光是一种粒子还是一种波

10世纪时，学者阿尔哈曾（又译为海赛木）在《光学》一书中讨论了光的概念。自那以后，科学家就一直在研究光的本质。然而，几个世纪后，光学仍然是一个充满令人困惑的复杂问题的领域，其中大多数争论集中在光是波还是粒子的问题上。实际上，光既是波，也是粒子。

光作为波

你也许会觉得，光最有可能是一种波。毕竟我们经常说到光的波长，光波就像无线电波一样，是一种电磁波。但答案并非这么简单。1672年，艾萨克·牛顿将光描述为叫作"小球"的小颗粒，并一度成为主流观点。但人们对牛顿的观点产生了诸多质疑，直到1801年（一说1802年），托马斯·杨进行了双缝干涉实验，此后光是一种波的观点占据了上风。在实验中，杨在一个平板上设计了两道缝，平板的后面是一个屏幕。光源所发出的光线透过缝隙，在屏幕上投射出深浅条纹相间的图案。这一结果只可能是经过两道缝的光波受到干扰造成的，这也就似乎证明了光确实是一种波。

光作为粒子

天才物理学家阿尔伯特·爱因斯坦颠覆了上述实验的结论。在爱因斯坦所生活的年代，光电效应是一个众所周知的现象。它指的是，把光照射在一块金属上可以形成电流，因为光会击中金属中的电子，让电子飞逸出金属表面，并环绕运动形成电流。不过科学家们意识到，达到这一效应的光需要高于某一特定频率。爱因斯坦指出，这证明了光是一种粒子。这是因为，如果光是一种波，增加光的强度或者照射金属的时间会引发电子的流动，但事实并非如此。光的频率决定着其能量，而光只有达到一定能量时才能使金属中的电子飞出金属表面。

波粒二象性

因此，科学家们获得了光是波的证据，以及证明光是粒子的证据。两种结论似乎有些矛盾，但显而易见，两者都是正确的。实际上，杨用来表明光是波的双缝干涉实验也可以证明光的粒子性。此外，不仅光具有波粒二象性，其他物质也具有。1924年，路易·维克多·德布罗意提出了一个公式，表明所有物质都既可以成为波，又可以成为粒子。科学家们透过双缝发射电子（其粒子性已被确定），每次发射一个，最终会看到屏幕上的条纹图案，就像证明光为波的实验结果。科学家们从这些实验中得出了结论：所有的物质同时具有波状和粒子状特性，而具体呈现结果依环境而定。尽管这一理论在日常生活中并不重要，但当我们研究光或者其他小的粒子时，就显得尤为重要。

"杨用来表明光是波的双缝干涉实验也可以证明光的粒子性。"

如何探测微小粒子

我们的世界充满了微小的粒子，其中的很多我们用肉眼根本无法看到。那么，我们究竟怎样做才能知道它们在哪里，并探测出它们呢？我们无法直接探测微小粒子，必须要设计出非常复杂的实验，并通过它们对实验的影响才能将其探测出来。

云室

云室就像一个密封的盒子，里面装满了某种水蒸气或酒精蒸气之类的气体。当一个微小的粒子穿过云室的时候，它会与蒸气发生作用，形成一道痕迹，就像飞机在天空飞过留下的痕迹一样。而后，科学家们就可以分析痕迹，研究它是由什么形成的。

电场也常被应用于云室中。电场会影响带电粒子在云室中的路径。在带电场的云室中，会发生轻量电子沿着一个方向螺旋运动的现象。如果在一个实验中，云室中出现了沿反方向运动的电子，那便是正电子。

中微子

中微子甚至比电子还小，它们之间的相互作用更弱。因此，尽管每秒内有数十亿计的中微子穿过我们的身体，我们还是难以探测到它们。科学家们使用了深埋在地下的设备，以避免宇宙中其他类型辐射的干扰，这样才能探测到中微子。中微子可以为电子提供能量，使电子迅速加速，从而产生切连科夫辐射，不过其发生概率非常低。为了探测到中微子，人们建造了巨大

的、内部充满电子的储罐，并在四周放上高敏感相机，相机通过捕捉电子发出的微光来探测中微子是否存在。

探测暗物质

在今天，暗物质仍然存在着非常多的未知内容，不过关于暗物质的一种普遍被认同的说法是，它是由比中微子更小的粒子组成的，其相互作用也弱于中微子！目前我们尚不清楚这些粒子的工作原理，不过人们设计出了许多不同类型的探测器，它们都被设置在地下，以减少宇宙辐射的干扰。其中一些探测器的工作方式类似于中微子探测器，但是安装了接近绝对零度（-273.15摄氏度）的晶体。在接近绝对零度的环境中，暗物质粒子可能会在相互作用过程中发出微光。其他的探测器内部充满纯净气体，当纯净气体与暗物质相互作用时就会产生与之前不同的元素，元素会移动到探测器顶部，然后被收集起来。不过迄今为止，人们还没有探测到暗物质。

粒子对撞

位于瑞士的欧洲核子研究中心拥有大型强子对撞机，这种机器可以把粒子加速到接近光速，然后让它们相互撞击。撞击引发的反应会产生各种奇怪的粒子，这些粒子进而相互作用或衰变为其他物质，然后被周围的超环面仪器实验（ATLAS）检测器捕捉。人们利用大型强子对撞机发现了一些不可思议的东西，比如希格斯玻色子。

万物如何诞生

我们并不确定宇宙诞生之初发生了什么。但是我们可以推定，在最开始的几分之一秒内大量的能量突然聚集在一个很小的空间里。尽管最初宇宙中的物质是单一的，但如今宇宙中已经拥有了很多种元素，这些元素又组成了很多种物质。万物都由元素组成，而大部分元素从恒星中诞生。

第一批恒星

大约在宇宙大爆炸发生1秒后，宇宙就已经冷却到一定程度，足以让质子和中子从强大的能量中形成。接下来，质子和中子开始融合，形成大量的氢、氦和少量的锂。在此后的很长一段时间，宇宙中几乎什么也没有发生。之后，自由浮动的氢和氦粒子开始聚集，形成了巨大的气体云，它们最终在引力的作用下发生了内部坍缩，形成了第一批恒星。

太阳炉

氢原子的融合使恒星的核心产生了氦，为恒星提供了能量。因此，在最初的几亿年间，宇宙像个熔炉一样，只有氢气不断地转化为氦气。但是，随着第一批大型恒星开始死亡，情况发生了变化。由于这些恒星的能量已经耗尽，它们开始向内坍缩，变得比之前还热。于是恒星中剩余的氢和氦融合在一起，形成了氧、氮和碳之类的新元素。如果恒星足够大，这一"坍

　身边的物理 那些好玩又有趣的物理知识

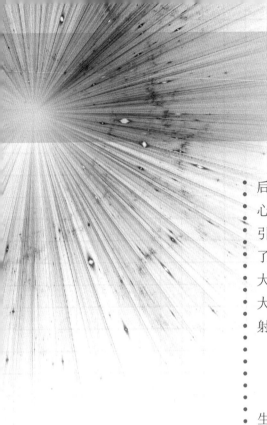

后一次坍缩时，巨大的压力会让核心出现无法控制的热核反应，从而引起极大的爆发：超新星由此诞生了。超新星爆发时产生的能量非常大，可以融合出比铁的原子序数更大的元素，并把大量的这些元素喷射到宇宙空间中。

元素如何形成了地球

恒星坍缩和超新星爆发时所产生的物质飘浮在宇宙空间中，又开始了新一轮的生死循环：新元素成为气体云的一部分，气体云坍缩形成了新的恒星和行星，恒星和行星再次发生坍缩或爆发。最终，残余的物质形成了太阳，这意味着太阳的行星（行星围绕恒星运动，所以组成行星的物质与其环绕的恒星的组成物质是一样的）包含了非常丰富的元素。因此，尽管宇宙中氢的体积分数为75%，但氢在地球上的体积分数要小很多，这是因为组成地球的元素历经了几次循环，所以元素更为丰富、原子序数也更大。

缩—变热—融合出新元素"的过程将循环往复，各种元素按照原子序数由小到大的顺序逐步形成，直到出现原子序数为26的铁元素为止。

铁元素之后

当铁元素在恒星核心形成后，融合出原子序数更大的元素所需的能量开始大于恒星核心的能量，所以恒星不再产生新元素，而是坍缩冷却，变为一个稳定的物质球体。但是，一颗体积非常大的恒星在最

什么是反物质

在这个世界上，所有可能存在的物质粒子都有一个奇特的"黑暗面"：它们都有自己的镜像，也就是反物质粒子。

镜像

组成反物质的成分与组成正常物质的成分相同，二者间仅有一个区别：特性相反。正电子是电子的反物质，它们的大小和质量相同，且作用方式完全一样，只不过，正电子的电荷为+1，而电子为-1。反质子和反中子由反夸克组成，如果它们与正电子组合在一起，就可以形成元素周期表上所有元素的镜像副本。但我们尚不清楚这些反物质元素的工作原理，也不确定反物质所创造的东西是否与物质创造的东西一样，或许会生成一个完全不同的宇宙？

二者永不相见

物质和反物质不会和谐共处，当它们接触的时候，就会发生爆炸。如果反物质粒子与物质粒子发生接触，二者都会被毁灭。它们会瞬间从粒子变成大量的纯能量。

为什么有更多的物质

那么，为什么宇宙中充满了物质而不是反物质？我们可能认为，

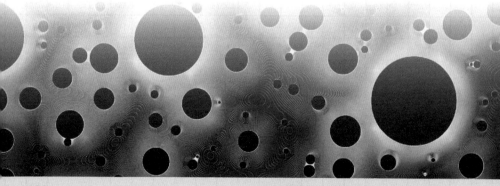

宇宙中物质的数量应该与反物质的数量相等，但为什么宇宙诞生之初，似乎就已经有了更多的物质？没有人能够给出确定的回答。可能是由于某种原因，反物质的状态并不像物质那样稳定，所以宇宙中有更多的物质；也可能宇宙中的物质和反物质是零散分布的，我们恰好生活在充满物质的区域。目前，关于这一问题，科学家们还没有明确的解答，不过他们会继续探索真相。

创造反物质

在科幻小说中，反物质通常被设想为宇宙飞船的燃料，或是星际帝国使用的炸弹，但其实，反物质可以在现实世界中被创造出来。世界上有很多实验室进行了高能实验，创造出了反粒子，以供科学家研究。医院中所用的正电子发射体层成像（PET）仪器则利用创造出的正电子来拍摄人体的细部图像。科学家甚至已经能够制出反氢原子，它由一个反质子及围绕着反质子运动的单个正电子组成。反氢原子在消失变回能量之前，可存在大约15分钟。目前，科学家对反物质的研究还处于起步阶段，但人们认为，由于反物质包含巨大的能量，在未来有可能仅使用1克反物质就能把一艘宇宙飞船送到火星！

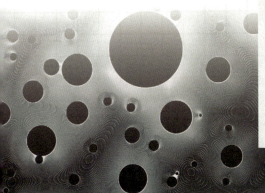

一根绳子有多长

一根绳子有多长？拿个尺子量一量即可知晓。但在测量过程中，你面对的问题不只是用刻度非常精确的尺子那么简单。你永远不能确定，一个物体到底有多长。

测量问题

假设你有一把长30厘米的普通木尺，木尺上有着黑色的刻度，相邻的两个刻度之间间隔为1厘米。你现在手里有一根绳子，可以把它放在尺子旁边，测量绳子的长度。测量出的结果可能是绳子长为13厘米，但这个结果并不精确，因为绳子的末端可能在13厘米刻度前一点或后一点的位置。假设你的木尺更加精确，每隔0.125厘米就有一个刻度，这样你会得到绳子长度为13.125厘米；甚至你的尺子每隔0.062 5厘米就有一个刻度，你将得到13.187 5厘米这一更精确的结果。即使如此，如果你用显微镜进行观察，仍然会看到绳子的末端并非精准地抵在标记的刻度上。无论你使用什么工具进行测量，这个问题都会存在。

不确定性

我们把测量不准确的这一情况描述为测量的不确定性。不确定性不仅是长度测量时会出现的问题，也会在时间测量、质量测量……几乎所有测量中都出现。你也许会认为，不确定性只是人们在测量事物时都会出现的问题，但实际上它似乎是宇宙中的一个基本问题。当你观察非常小的物体时，例如粒子级别的物体，量子效应就会让被观察的物体变得有些奇怪。

海森伯不确定性原理由维尔纳·海森伯在1927年提出。该原理指出，我们不可能同时准确地确定一个粒子的位置及其动量。它的意思是说，当你尝试对某物进行位置上更精确的测量时，它会开始以更难以测量的方式进行运动；而当你尝试测量其速度时，该物体的位置会更难以确定。

原理应用

海森伯不确定性原理表明，我们永远无法真正知道电子在原子核周围的具体位置，或者相对论性粒子（以接近光速运动的粒子）的真实速度。该原理不仅适用于解释物体的速度和位置的关系，而且也适用于解读能量和时间，即在一段很短的时间内，粒子就可以突然从无到有。海森伯不确定性原理对我们的日常生活影响不大，因为该原理规定的给定值非常小。所以当你测量一根绳子的时候，你可能永远不会知道绳子末端的准确位置和绳子的长度，但你还是会得到一个已经足够精确的答案。

> "当你尝试测量绳子的长度时，你永远都不会知道它末端的准确位置。"

什么是放射性

你所听说的放射性可能是某种非常可怕的东西，经常出现在放射性炸弹、放射性废物和像切尔诺贝利等核电站灾难的情境中，让人倍感担忧。但其实，导致放射性的并不是先进的技术，放射性源于不稳定原子的衰变。

放射性衰变的类型

放射性衰变主要有3种类型，分别以希腊字母的前3个字母来命名。

α 衰变： 发射出两个质子和两个中子（一个氦原子核）。

β 衰变： β⁻衰变发射电子和反中微子，β⁺衰变发射正电子和中微子。

γ 衰变： 发射出高能电磁波。

不同类型的放射性衰变经历了不同的过程，拥有不同的属性，因此，人们需要采用不同的处理方式。一个放射性源可能产生多种类型的放射性衰变。

α 衰变

有些原子非常大，所以原子内部的各组成部分很难稳定地维持在一起。为了减小原子的体积并让原子变得稳定，原子核可能会释放出两个质子和两个中子，即一个 α 粒子，这样，原本的原子就会变为一个不同元素的原子，并变得更加稳定。一个原子可能会多次释放出 α 粒子。α 粒子非常危险，它们

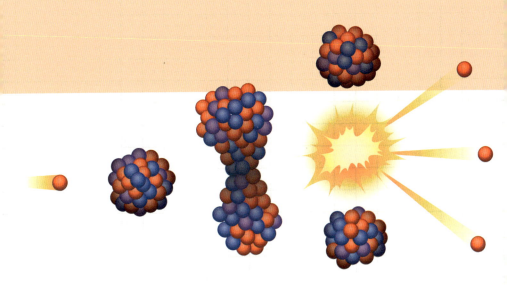

的尺寸很大，很容易破坏人体细胞并引发癌症之类的疾病。不过 α 粒子无法在很远的距离上传播，而且使用像纸一样薄的容器就能把它们限制在里面。这意味着，只有面对大量的 α 粒子或者将其摄入体内的时候，它们才真正具有危险性。

β 衰变

在 β 衰变中，原子为了变得更加稳定，其原子核中的中子会转变为质子；在转变过程中还诞生了一个电子，该电子以 β 粒子的形式从原子核中高速地喷射出来。同样，质子也有可能转变为中子，从而释放出一个正电子。β 粒子比

α 粒子小得多，因此对人体的伤害较小，不过它们的传播距离更远，更难被限制在容器中。你需要用铝质容器一类的装置盛装 β 粒子，才能保护自己免受其放射性的伤害。

γ 衰变

一些原子核中的过剩能量太多，于是这些能量会以高能电磁波的形式被发射出去。γ 射线与其他电磁波（如无线电波或光波）一样，但其强度更大。γ 射线很容易穿透人体皮肤并能够传播到很远的地方，因此是最危险的辐射类型。由于这个缘故，γ 射线放射源通常保存在厚重的铅盒中。

什么是中微子

在现实生活中，每一秒内都有数万亿个中微子穿过我们的身体，但我们永远不会感觉到它们。中微子是由放射性衰变和核反应等方式产生的微小的、相互作用非常微弱的粒子。

比电子小

中微子有点像电子，不过它们完全不带电并比电子小很多。中微子如此之小，并且（从物理层面上来说）非常不活跃，几乎不与其他任何物质相互作用，这就是为什么尽管它们的数量非常庞大，却难以被探测到。中微子的相互作用非常弱，因此直到1956年才被人们探测到。就算到了今天，探测中微子也仍然是一项非常艰巨的任务，并且需要借助高度专业化的设备。中微子有3种不同类型：电子中微子、μ中微子和τ中微子。一个中微子似乎可以在3种类型之间随意转换。

中微子从哪里来

中微子有不同的产生方式：放射性衰变（见第160页）可以产生中微子，比如在核反应堆和炸弹爆炸过程中；通过粒子加速器也可以产生中微子。此外，中微子也是太空中的常见粒子，能够由超新星和中子星产生，而且恒星也可以产生中微子。太阳的核心会发生聚变反应，而中微子正是这一聚变过程的副产品。太阳产生的中微子的数量非常庞大，以至在约1.5亿千米之外的地球上，每平方厘米的表面在每秒内接收的中微子数量超过了600亿个。

Hypothesis Copernicana.

哪位物理学家曾被指控为异端

谁拥有最危险的笔记本

谁的狗（可能）阻碍了科学的发展

谁的诺贝尔奖章制作了两次

第一位物理学家是谁

爱因斯坦真的数学没及格吗

爱因斯坦真的数学没及格吗

一直因为数学成绩不好而苦恼的学生们常常听到这样一句话：即使是世界上最聪明的人，在学校里的时候数学也没及格，而且他是一名差生。不过，这件事是真的吗？你也许不会因为真相而感到惊讶：那个人在年轻时就解决了很

多非常难的问题，他不仅是个好学生，而且也没有在数学上挂科。

少年爱因斯坦

爱因斯坦在小时候一切正常：他开始说话的时间并不晚（一些有关爱因斯坦的故事里常说爱因斯坦开口说话的时间晚），在学习上也没遇到障碍。他在刚开始上学的时候就有不错的表现，但没有达到非常优秀的地步，而且他似乎对学校

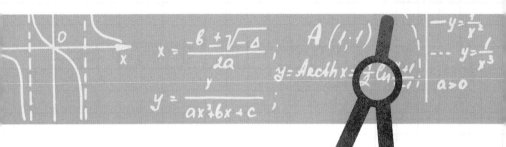

的教学方式不满，甚至和老师之间也有些不愉快。到了11岁的时候，他已经可以阅读给大学生看的文章，并对物理学产生了浓厚的兴趣。那么，关于他数学没及格的故事从何而来呢？爱因斯坦比常人早两年参加了苏黎世联邦理工学院的入学考试，但没有通过，不过这是因为他法语成绩不佳，而并非数学不及格。

他有多聪明

每个人都知道爱因斯坦是个天才，但很难体会到他是多么不可思议的聪明。1905年，爱因斯坦才26岁，就已经获得了博士学位并开始在专利局工作；当年，他发表了4篇主题完全不同的开创性论文，其中任意一篇都足以让他成为当时最重要的科学家之一。爱因斯坦在一生中发表了300多篇论文，为物理学的许多主要领域作出了巨大贡献，至今仍是有史以来最受人尊敬的科学家之一。

爱因斯坦的成就

爱因斯坦对科学的最大贡献是他的相对论，包括狭义相对论和广义相对论。爱因斯坦前后共花了11年（一说10年）的时间才先后梳理出狭义相对论和广义相对论。他在1915年发表的作品中阐释了相对论的数学原理，这是自艾萨克·牛顿于1687年发表《自然哲学的数学原理》以来，人类对宇宙的认知的一次最根本转变。

爱因斯坦还解释了光电效应的发生原理，使人们接受了物质的波粒二象性；他描述了布朗运动，让原子理论被采用；他还发现了质能等价并以著名的方程$E=mc^2$来定义，进而引发了核能的发展。

谁的狗（可能）阻碍了科学的发展

如果你养过狗，就知道它们不仅不笨，而且非常可爱、忠诚。不过，艾萨克·牛顿爵士的狗曾"放火"烧掉了他早期的引力研究手稿。

"钻石"的破坏

牛顿是个爱狗的人，他有一条叫"钻石"的博美犬。一天晚上，他在烛光下研究引力理论，后来他离开了办公室。在离开期间，他的狗撞到了他铺着纸张的桌子，碰倒了蜡烛，引发了小火灾。尽管火并未蔓延和烧坏房间里的其余东西，但烧光了牛顿的所有研究手稿。据说，牛顿回到办公室后对他的狗说："哦，钻石，钻石，你根本不知道自己干了什么！"牛顿随后陷入沮丧，花了几个月的时间才恢复过来，一年之后他才重新拾起自己遗忘的想法。应该指出的是，就像牛顿的苹果落地的故事一样，这个故

事可能并不是真的。但从某种角度来说，这个故事也让人们释然：即使是历史上一些最伟大的人物，也会遭遇不幸。

杰作问世

尽管遇到了这样的挫折，牛顿还是在1687年发表了他的杰作《自然哲学的数学原理》。在这部著作中，他提出了万有引力的概念，展示了行星及其卫星的运动方式。这对地球是宇宙中心的观点造成了致命一击，并构成了我们今天对宇宙理解的基础。

杰出的贡献

牛顿的研究领域不仅包括引力，他还涉猎了炼金术、光的本质和其他许多主题。牛顿对科学的最大贡献并不仅仅包括严格的原理发现，他还创造了微积分，这是一种数学概念，至今仍是我们探索世界的最佳方法之一。微积分的重要性不可低估，支撑现代世界的许多物理学定律都是用微积分进行计算而得出的。也许更重要的是，牛顿明确了科学探究的目的。他第一个指出，物理学的最终目标是发现宇宙的基本定律并理解它们。他的观点促进了现代科学方法的确立。正如他指出的：一个正确的理论必须完全与可观测宇宙的情况相符，任何无法解释的差异都说明该理论是错误的。

第一位物理学家是谁

第一位物理学家是谁？这个问题可能并不像你想的那么容易回答。有人说，艾萨克·牛顿是第一位物理学家，因为在他之前，物理学只是更广泛的"自然哲学"研究的一部分。但是这个回答难以让人满意，因为在牛顿之前，人们就已经对物理学进行了长时间的研究。

米利都学派的泰勒斯

被认为是最早的物理学家的人是米利都学派的泰勒斯（约公元前624—约公元前547），他出生于现在的土耳其一带。他是一位哲学家、天文学家、数学家和圣人，对哲学、天文学和数学领域进行了广泛的研究。当然，他不是第一位质疑他所生活的世界为什么如此的人——质疑世界是古希腊的伟大传统——但是他探究世界的独特方式让他脱颖而出，成为第一位物理学家。

泰勒斯宣称，每个事件的发生都基于某种自然规律。虽然这一点对现代人来说似乎显而易见，但古希腊人本能上将世界与他们的众神联系在一起，并深思众神对于世间事物的影响。

泰勒斯尝试对夜空进行划分，然后发现万物都是自然形成的，从而扩展了自己的理论。

古希腊／古罗马的科学革命

直到牛顿所生活的时代，物

理学的概念才得以巩固。不过，古希腊人取得了许多发现，这些发现构成了我们今天的所有科学观念的基础。

亚里士多德（公元前384—公元前322）提出了逻辑思维的概念，并主张通过逻辑思维来确定事物是否正确。他是最早尝试解释运动和物质组成的人。其成就具有巨大的影响力，并且在伽利略（1564—1642）所处的时代亚里士多德学派成了领导流派，至今都有着重要影响。

阿基米德（公元前287—公元前212）是一位伟大的发明家，他首先将数学应用于物理学科。这为探索物理学开辟了一种全新的方式，也让他准确预测了诸如浮力和力等现象。

托勒密（约公元90—168，右上图）吸收了亚里士多德的观察经验和理论思想，并与阿基米德的数学成果相结合，创建了宇宙模型。虽然这种以地球为中心的模型是错误的，但它将宇宙的众多元素

结合在了一起。

我之所以看得远……

我们很难确定，谁可以称为第一位真正的物理学家。即便牛顿也没有使用今天的物理学家所使用的工具。物理学是不断发展的，在这个过程中，许多世纪里人们的工作与成就连接在一起，让我们对所生活的世界有了更多的了解。正如牛顿给朋友的信中所写的："我之所以看得远，是因为我站在巨人的肩膀上。"

哪位物理学家曾被指控为异端

主流宗教很难接受变革。在过去的几个世纪中，天主教派拥有众多教徒和无上的地位。因此在1633年，当伽利略驳斥天主教信奉的地心说时，他被指控为"异端"并受到审判。

宇宙中心

托勒密关于地球是宇宙的中心和一切物体围绕地球旋转的观点曾被广泛接受。但在托勒密之前和之后，也有许多科学家并没有承认这一观点。不过随着罗马帝国的陷落，西方科学也随之衰落，基督教及《圣经》对世界解释的兴起让地心说占了上风。

但是，到17世纪初期，反对地心说的证据开始增多。哥白尼于1543年发表了有关日心说的著作，其中收录了一幅太阳系模型的图片，将太阳置于模型的中心。1609年，开普勒在哥白尼工作的基础上，进一步对行星运动进行了详尽的研究，从而促进了日心说的兴起。当伽利略使用新发明的望远镜观测天空，并观察到木星的卫星围绕着木星而非地球运动时，他彻底否定了地心说。

动摇理论

1610年，伽利略出版了《星际使者》一书，在书中概述了他的观点：并非一切天体都绕地球旋转。这一观点在当时引发了争议，但因其证据确凿被广泛传播。这是

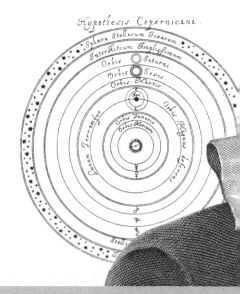

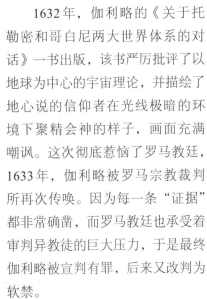

许多科学思想被不同的宗教谴责为"异端邪说"。随着科学与宗教的冲突，大陆漂移说、细菌理论、血液循环和进化论等在人类历史上遭到了宗教的巨大阻碍。这并非说宗教与科学对立，因为即使在伽利略所生活的时代，许多主教仍在研究他的作品并捍卫他的思想。但是，有政治倾向的宗教组织有时确实会站到与科学对立的一面。

他激怒罗马教廷的第一步。因为这本书，伽利略被带到罗马宗教裁判所进行审判。尽管伽利略试图为其观点辩护，但由于该书与《圣经》相抵触，因此这本书被正式宣布为"异端邪说"。该书（以及其他人的许多类似作品）被禁，伽利略也被告诫要放弃他的日心说。

1632年，伽利略的《关于托勒密和哥白尼两大世界体系的对话》一书出版，该书严厉批评了以地球为中心的宇宙理论，并描绘了地心说的信仰者在光线极暗的环境下聚精会神的样子，画面充满嘲讽。这次彻底惹恼了罗马教廷，1633年，伽利略被罗马宗教裁判所再次传唤。因为每一条"证据"都非常确凿，而罗马教廷也承受着审判异教徒的巨大压力，于是最终伽利略被宣判有罪，后来又改判为软禁。

谁拥有最危险的笔记本

如果让大家思考一下有什么有害的科学设备或物质（及物品），大家可能会想到可发出强烈激光的仪器、大型磁铁或者致命的化学物质，但绝对想不到一个简单的笔记本。然而有一位科学家，她的笔记本距离上次使用已经有近100年的时间。它是如此危险，以至于需要保存在有铅层的盒子里。这个笔记本属于玛丽·居里（也就是居里夫人）。

看不见的危险

居里夫人是第一位对某些元素的放射性进行详细研究的人。她当时并不知道核辐射异常危险，并且放射性元素有多种放射形式。她的实验室里满是钋和镭样品，甚至很多时候，她还会把装着这些东西的瓶子放在自己的口袋里。

核辐射的危险性之

居里夫人的贡献超出了理论物理的范畴。在第一次世界大战期间，她担任红十字会放射学部门的负责人，并发明了X射线诊断车来帮助受伤的士兵做诊断。据估计，一百余万名士兵得益于她发明的装备。战后，她将大部分时间用于筹集资金来加深人们对放射性研究的认识，并在世界各地进行演讲。她于1934年去世，去世前，她在许多知名科学机构中发挥了重要作用。

一是，如果辐射强度足够大且暴露时间足够长，则有可能让其他物体受到辐射并也散发出辐射。居里夫人的几乎所有物品都被她的样品辐射到了。她也最终死于与辐射相关的疾病。

男性的世界

男性在物理史上占据主导地位已经不是什么秘密，而只有个别女性才能成功地在物理史上留下自己的名字。居里夫人必须在这个男性主导的世界里证明自己。作为一名女性，她不被允许接受高等教育，因此她加入了地下"飞行大学"，这所大学在波兰秘密地教授女性知识。最终，居里夫人在巴黎大学获得一席之地，她在那里过着贫穷的生活，刻苦学习并获得了两个学位。也是在那里，居里夫人遇到了未来的丈夫兼工作伙伴皮埃尔·居里。她一度短暂地回到波兰谋生，但是由于性别原因被克拉科夫大学拒绝，于是再次回到巴黎定居。

后来，居里夫人决定研究X射线。就连没有合适的实验室也没能让她放弃，她将授课学校旁边的一个改建的棚屋作为实验室。居里夫人小心地将自己的实验成果与丈夫的分开，因为她意识到，有些人很难接受研究工作是由女人来完成的。最终，她凭借自己的工作成果获得了人们的认可，并与丈夫及另一位科学家凭借在辐射方面取得的成就获得了诺贝尔物理学奖，后来她又获得了诺贝尔化学奖。

谁的诺贝尔奖颁给了别人

现今，很多科学成果是由团队协作努力获得的。古怪的物理学家在自家实验室中孤独地做实验和撰写巨著的时代已经过去了。因此，由谁来享受成果带来的荣耀就变成一个有些麻烦的问题。也是因为这个原因，乔斯琳·贝尔错过了应属于她的诺贝尔奖。

她的发现

1967 年，乔斯琳·贝尔在安东尼·休伊什的指导下攻读博士学位。她所在的团队花了两年的时间建成一座大型射电望远镜。望远镜建成后，每天会生成超过 30 米的纸质图，也就是她的研究对象。

有几次，她注意到了图中的一个奇怪之处。经过几个月对设备的检查，并对天空中的同一区域进行了多次、更详尽的数据读取后，那个奇怪之处仍然存在。她由此得出的结论是，自己在图中看到的奇怪之处是真实的，并且存在于太空中。她用望远镜在太空的不同区域发现了同样的奇怪信号，它们遵循着特定的规律。这些信号后来被认为是脉冲星存在的证据，并引起了广泛关注和认可。乔斯琳·贝尔及其导师于 1968 年发表了一篇论文，向全世界宣布了他们的发现。1974 年，安东尼·休伊什和马丁·赖尔由于"在射电天体物理学方面的开创性研究"获得了诺贝尔物理学奖，但最早发现脉冲星存在证据的

乔斯琳·贝尔本人并没有获得这一
认可。

谁拿到了奖

诺贝尔奖最多可授予3个人，
那么如果数百人参与并获得了一
项发现，该由谁来获得这个奖项
呢？通常，诺贝尔奖会授予该项目
的首席科学家和最大贡献者，尽管
这样做可能具有很强的政治性。许
多人认为乔斯琳·贝尔被诺贝尔奖
委员会愚弄了，因为她是第一个发
现脉冲星的人，并推动了进一步的
研究工作，但是乔斯琳·贝尔本人
则表示：

"我相信，如果诺
贝尔奖颁发给研究生，
奖项就显得自降身价，
除非是在非常特殊的情
况下，但我不认为自己
属于特殊情况……我对
此并不感到沮丧。"

小绿人

脉冲星是体积非常小但密度
很大的恒星，具有很强的磁性，可
以发射出巨大的电磁脉冲信号。脉
冲星以极高的速度旋转，于是脉冲
信号像灯塔的灯光一样四处发射。
这样，人们就可以通过望远镜看到
脉冲束，它们就像来自天空的闪烁
的信号。脉冲星发出的信号非常有
规律。乔斯琳·贝尔和研究小组试
图确定神秘信号的来源时，曾一度
认为这种完美、有规律的信号可能
来自某种外星文明。尽管这个想法
很快就被否定了，但信号的绰号
"小绿人"（LGM）则被叫了很久，
直到信号起源被证实为脉冲星而非
外星文明。

哪位科学家因为礼貌而死

没有人喜欢无礼的人，但是也有些人过于礼貌，总是竭尽自己所能不打扰别人，第谷·布拉赫就是一个典型代表。不过，他因为太过礼貌，不想违反宴会上的礼节，最后不幸死亡了。

学家。在当时，使用他的设备的观察团队取得的成果超越了其他所有团队。他创建了恒星表，并留下了大量的天文观测资料，这些资料被广泛地使用了很多年。他的成就成为实证论和科学测量的标准。除此之外，他还发现了超新星，并证明了恒星比人们以前想象的距离地球更远。

礼貌的行为，悲伤的死亡

1601年10月13日，第谷参加了一场宴会。进餐期间，他想去洗手间，但离开桌子被认为是很粗鲁的行为，于是他就没有去。回到家后，他却再也无法排尿了——憋尿导致的膀胱破裂造成了他的死亡。

第谷的成就

第谷被丹麦国王赠予了一个小岛，并授予了很多荣誉头衔。在岛上，他建造了一座城堡，制造出许多科学仪器，城堡也成了学习和实验中心。第谷是一位杰出的天文

第谷的鼻子

据各方面记述，第谷的荒唐故事可以集结成册，他的疯狂行为举世闻名。在大学时期，他和另一个同学发生争执（据说是在一些数学公式上有争执），于是他们用剑进行决斗。最终，第谷的额头上伤痕累累，还被削掉了鼻头，他余生都戴着黄铜做的假鼻子。

谁的失败实验变成了巨大的成功

物理学就像生活一样，并非一切尝试都有好结果。但是有时候，比起成功，失败可以带来更重要的变革。正是阿尔伯特·A.迈克耳孙和爱德华·W.莫雷（又译为爱德华·W.莫利）寻找以太的失败实验，为物理学革命奠定了基础。

以太

科学家曾认为，太空中应当存在着一种物质，他们将这种物质称为"以太"。以太被认为是光的传播介质，就像我们现在所知的声音通过空气传播一样。以太很重要，因为它为宇宙中的所有事物提供了单一的参考系。

于是，迈克耳孙和莫雷着手测量以太。为此，他们设置了一个巨大的十字架，十字架的中间放置着一面单面镀银的分光镜，在十字架的顶端和右侧各有一面反射镜。一道光从十字架的左边发出，传播到单面镀银的分光镜上，这面分光镜将光线一分为二，分别反射到两端的镜子上，两端的镜子将光线反射回中间的分光镜上，再由分光镜向下反射，将光传到底端的观测屏上。迈克耳孙和莫雷认为，由于以太的存在，两道光束会略有不同，因此观测屏上会出现光的波纹。

他们什么也没找到

但是，结果并不如他们所料：他们的实验失败了。尽管后来他们用了更加精准的设备，并对设备进行了更新升级，还在一年中的不同时间进行了多次尝试，但最终还是一无所获。在随后的几年，其他人也都试图寻找以太，但他们的实验都没有达到期望的结果。尽管这令人感到沮丧，但由于缺少以太存在的证据，当爱因斯坦的相对论横空出世的时候，人们很快接受了相对论，从而迎来了物理学的新纪元。

哪位物理学家窃取了美国核基地的秘密文件

核基地是坚不可摧的秘密要塞，或者至少你是这么想的。随着第二次世界大战达到高潮阶段，以及曼哈顿计划的深入进行，洛斯阿拉莫斯核基地成了美国陆地上防御最为严密的地方之一。尽管如此，理查德·费曼（又译为理查德·费因曼）还是时常潜入基地的办公室，偷走秘密文件。

演奏邦戈鼓的物理学家

就像很多其他顶级物理学家一样，费曼也是位特立独行的人。在麻省理工学院学习期间，一次费曼在研讨会上对主题进行了细分研究，他的能力吸引了爱因斯坦等人的注意。费曼闲散的生活态度和对演奏邦戈鼓的爱好与他在物理学上的能力相得益彰。当美国参加第二次世界大战时，费曼与大多数物理学专业的毕业生一起被迅速招募

费曼于1951年在美国加州理工学院任教。他是一位非常受欢迎的讲师，多次被要求加课。1961年到1963年，他教授了有史以来最著名的系列课程，该课程展现了费曼独有的魅力和平易近人的风格，后来还被录音和整理成书（《费曼物理学讲义》），图书更是成为有史以来最畅销的物理学著作之一，对任何心怀志向的物理学家来说都是必不可少的读物。

到了美国的原子弹项目——曼哈顿计划中，他致力于研究原子弹的实际爆炸威力。在这里，他结交了尼尔斯·玻尔，并大胆指出了这位受人尊敬的物理学家的理论漏洞。不过，费曼很快就对这里的工作感到无聊，于是开始了自娱自乐：他在同事不在岗的时候打开他们的文件柜，拿走了工作所需的文件。安全人员很快知道了这件事，并装上了更好的锁，费曼也想办法打开了新的锁。费曼本人说：

"我打开了装着原子弹所有秘密的保险箱：生产钚的时间表、净化程序、需要多少材料，原子弹的工作原理，中子如何产生，原子弹的设计细节……有关洛斯阿拉莫斯核基地的全部信息。"

费曼图

费曼的工作主要是研究亚原子粒子的相互作用。这是一个颇为棘手的领域，其中涉及很多数学计算和复杂的理论。费曼对该领域存在的问题和已有的观点感到不满，于是发明了费曼图。费曼图可以简单地表现粒子之间的相互作用：粒子如何进入，如何相互作用，从另一端出来的物质是什么，以及其中是否包括反粒子。

谁的诺贝尔奖章制作了两次

诺贝尔奖是科学界最负盛名的奖项，获奖人对未知的世界进行了伟大或深入的研究。一些了不起的科学家获得了多次诺贝尔奖。但是，诺贝尔奖章需要制作两次的情况却非常少见，比如尼尔斯·玻尔的诺贝尔奖章。

逃亡的科学家

尼尔斯·玻尔在1922年被授予了诺贝尔奖。他生活在丹麦，20世纪30年代，随着德国纳粹政权的崛起，他与许多人开始帮助因受迫害而逃亡的难民。他为许多逃离德国的知名科学家提供了经济帮助、庇护和临时工作，并协助他们迁居到其他国家。在1940年德国占领丹麦之后，玻尔得知自己将要被捕，于是逃到了瑞典。

离开丹麦前，他让他的朋友乔治·德·赫维西用硝酸与盐酸的混合剂，把他自己的和其他几位逃离德国的科学家的诺贝尔奖章溶解，以免落入纳粹分子的手中。这瓶液体后来一直放在哥本哈根理论物理研究所的架子上，直到战后才被取走。人们又从液体中提炼出金属，再次浇铸成诺贝尔奖章。

原子结构的玻尔模型

尼尔斯·玻尔凭借电子环绕原子核做轨道运动的结构模型获得了诺贝尔奖。这一模型被使用至今。他还使用该模型解释原子所发出的辐射的种类，以及该种辐射如何用作化学指纹以检验材料中所包含的元素。